COURS

D'ÉQUITATION

IMPRIMERIE CENTRALE DE NAPOLÉON CHAIX ET Cie,

RUE BERGÈRE, 20.

COURS D'ÉQUITATION

PAR LE COMTE D'AURE

Écuyer en chef de l'École de cavalerie

ADOPTÉ OFFICIELLEMENT ET ENSEIGNÉ A L'ÉCOLE DE CAVALERIE ET DANS LES CORPS

DE TROUPES A CHEVAL

PAR DÉCISION DE M. LE MINISTRE DE LA GUERRE

en date du 9 avril 1853.

5ᵉ ÉDITION.

Prix : 3 francs.

PARIS

BUREAU DU JOURNAL DES HARAS ET DES CHASSES

Où se trouve le seul Dépôt

PLACE DE LA MADELEINE, Nᵒ 8,

1853

RAPPORT

SUR LE

COURS D'ÉQUITATION.

———

Monsieur le Ministre,

La Commission spéciale chargée de l'examen du *Cours d'Équitation* de M. d'Aure, écuyer en chef de l'École de cavalerie, fut, conformément aux ordres d'un de vos prédécesseurs, réunie le 2 décembre 1850, et s'occupa de suite de cet ouvrage avec un intérêt actif. Après quelques observations admises, elle fut dans le cas de demander que ce *Traité* fût mis en application, au moins momentanée, pour le mieux juger ; et un ordre ministériel du 7 janvier 1851 fit donc remplacer l'ancien *Cours* par le nouveau, de M. d'Aure. Le Commandant de l'École reçut aussi l'ordre de demander à chacun de MM. les Écuyers professeurs, des rapports hebdomadaires et un résumé renfermant les observa-

tions que ces praticiens habiles pourraient avoir à
faire. Le général de Goyon, après les avoir exami-
nés et résumés, les a soumis au Conseil d'instruction de l'École. Quelques justes observations furent admises, et les autres repoussées. Cet officier
général, membre et rapporteur de la Commission
spéciale réunie par votre ordre du 12 janvier 1852,
lui a communiqué les rapports ci-dessus mention-
nés, le résumé qu'il en avait fait, les observations
du Conseil d'instruction, et le procès-verbal de la
délibération de ce Conseil, en date du 9 novembre
1851, approuvant unanimement et hautement
l'œuvre de M. l'écuyer en chef d'Aure, et demandant l'adoption de son *Cours d'Équitation*, en rem-
placement de l'ancien, datant de 1825, imparfait,
et ne pouvant plus satisfaire aux besoins de l'instruction.

Ce procès-verbal dit textuellement : « Le Conseil
» d'instruction de l'École de cavalerie, après avoir
» étudié le *Cours d'Équitation* de M. d'Aure, écuyer
» en chef, se joint avec empressement aux éloges
» que MM. les Écuyers ont exprimés dans leurs
» rapports sur la valeur de cet ouvrage......, etc.
» Il reconnaît à l'unanimité qu'il doit être adopté
» immédiatement à l'École, comme un code
» d'instruction équestre, propre à amener les

» plus heureux résultats dans l'enseignement de
» l'équitation. »

La Commission spéciale avait donc pris ou sollicité toutes les mesures les plus favorables pour arriver à une appréciation exacte d'une œuvre dont l'importance incontestable s'augmente encore de la position si élevée que M. l'écuyer en chef d'Aure a su se créer dans l'art équestre. La Commission spéciale, après s'être livrée à une étude approfondie de l'ouvrage en question, afin de répondre à la mission de confiance dont vous l'avez chargée, est heureuse de vous dire de suite qu'elle s'associe complétement et unanimement à l'opinion déjà émise par le Conseil d'instruction de l'École. Elle va cependant, pour vous mettre à même de mieux juger l'œuvre de M. d'Aure, entrer dans quelques détails. Ainsi :

En considérant cet ouvrage dans son ensemble, la Commission spéciale a reconnu que le travail pratique du manége avait dû être renfermé dans quatre leçons, pour mieux répondre à la division de l'Ordonnance.

Les principes qui dominent dans ce *Traité d'Équitation* sont ceux qui seront admis de tout temps, parce qu'ils reposent sur les lois de l'organisation de l'homme et du cheval.

Le travail des leçons est indiqué avec une méthode bien graduée qui procède du simple au composé, et présente aux élèves les difficultés de l'équitation dans un ordre tel, qu'ils peuvent les surmonter sans effort.

La Commission spéciale a désiré que M. d'Aure établît, dans le cours de ses leçons, la distinction qu'il faut faire entre le soutien, qui s'entend du rapport constant qui doit exister entre la bouche du cheval et la main du cavalier, et l'appui qu'il peut lui prêter, dans des cas très-exceptionnels, pour augmenter la vitesse.

La Commission spéciale a voulu que, pour bien faire sentir au cavalier que ses jambes doivent toujours être près du cheval, on remplaçât l'expression de *fermer les jambes*, par celle-ci : *augmenter la pression des jambes*.

En consacrant un article aux courses, M. d'Aure a été inspiré par une juste pensée, que le cavalier militaire ne doit reculer devant aucune difficulté d'équitation, et que le *turf*, compris avec certaines restrictions, peut lui servir encore de moyen d'instruction équestre, puisque avec ses fossés, ses barrières fixes et ses douves, il représente, en quelque sorte, le terrain du champ de bataille, hérissé de toutes ses inégalités et de tous ses obstacles.

La Commission spéciale émet, à l'unanimité de ses membres, l'avis de l'adoption définitive, avec les rectifications ou modifications qu'elle y a introduites, du *Cours d'Équitation* de M. d'Aure, écuyer en chef, et demande qu'il soit suivi officiellement à l'École de cavalerie, ainsi que dans tous les corps de troupes à cheval, à l'exclusion de tout autre ouvrage du même genre.

Agréez, Monsieur le Ministre, l'assurance de notre profond respect,

LES MEMBRES DE LA COMMISSION :

Les Généraux Comte de **Grouchy,** Comte **Partouneaux,** Comte de **Goyon ;** *les Colonels* Comte de **Rochefort,** Baron de **Labareyre.**

Le Général de division, président de la Commission,

Korte.

Le Lieutenant-Colonel d'état-major, secrétaire de la Commission,

Comte **Pajol.**

COURS

D'ÉQUITATION

CONSIDÉRATIONS GÉNÉRALES.

Soumettre un cheval à l'obéissance, l'approprier à nos besoins, en conservant et développant les qualités qui lui sont propres, constitue l'art de l'équitation.

Le talent consiste à savoir employer l'action équestre en raison du degré de facultés du cheval, de sa nature et de ses instincts, de telle sorte qu'il accepte sans résistance la domination de l'homme, et soit amené à l'obéissance la plus passive, tout en conservant une certaine liberté d'action, nécessaire à la manifestation de ses plus brillantes qualités. Par conséquent, toute exigence qui tendrait à lui faire exécuter des mouvements forcés, doit être proscrite par une équitation rationnelle, d'autant plus qu'elle aurait pour effet inévitable de l'abrutir et de le ruiner.

Le cheval se meut en raison des sensations qu'il éprouve, va où on le dirige, accepte le soutien qu'on lui offre, et cède aux résistances et à la douleur : c'est donc en raison de la manière dont ces sensations sont produites que ses forces sont mises en jeu et qu'elles déterminent tous les mouvements dont il est susceptible.

Le cavalier doit chercher à apprécier la valeur de ces diverses sensations, de manière à les solliciter en raison des effets qu'il veut obtenir.

Cette appréciation, en apparence si simple, ne s'obtient pas tout d'abord, parce que le cavalier qui débute contracte souvent une raideur et se trouve en proie à une crainte, à une préoccupation qui paralysent et dénaturent toutes ses actions.

On doit donc d'abord s'occuper de la position du cavalier, l'établir de telle sorte qu'elle laisse aux aides toute leur puissance et leur liberté d'action pour provoquer le mouvement, déterminer la direction ou amener le repos.

DU HARNACHEMENT

PLOYÉ DANS L'INSTRUCTION ÉQUESTRE, TANT AU MANÉGE

QU'A L'EXTÉRIEUR.

De la selle à piquer (1).

La selle à piquer se rapporte particulièrement à l'équitation du moyen âge. Il suffit de remarquer le développement des battes et du trousequin pour comprendre que ces parties fournissaient une espèce d'encaissement dans lequel étaient emboîtés les chevaliers pour résister à toute la violence du choc de la lance de leurs adversaires, dans les exercices ou luttes des carrousels et des tournois qui étaient alors en usage. En résumé, la selle à piquer était alors ce qu'elle devait être pour satis-

---

(1) La selle à piquer, selon quelques-uns, a reçu son nom de l'emploi qu'en faisaient les toréadors dans les combats de taureaux ; selon d'autres, elle a encore été ainsi appelée parce qu'elle servait à affermir la position du cavalier lorsqu'il piquait le cheval avec l'éperon.

faire aux coutumes et aux besoins du temps où l'on en faisait usage.

Plus tard, les cavaliers, abandonnant leurs lourdes armures, furent équipés à la légère et apprirent bientôt à se déployer et à se replier avec la plus grande rapidité possible. Il n'entre pas dans notre sujet de développer ces considérations ; nous nous bornerons à dire que la réforme de la cavalerie n'a pu être réalisée qu'avec le concours de l'équitation, et c'est ce que prouvent les changements que La Guérinière fit subir aux selles à piquer, en faisant raser leurs battes et leurs troussequins, afin de les rendre plus légères, plus propres à laisser aux cavaliers l'aisance dont ils avaient besoin pour manier leurs chevaux avec habileté, promptitude et précision.

Les selles à piquer, qui conservèrent alors une espèce de rudiment du troussequin, furent appelées *selles royales* ou *demi-royales*.

Les *selles rases*, ou encore dites *à la française*, ne rappelèrent les selles à piquer que par les battes très-courtes et peu élevées qui surmontaient l'arcade de devant. Ce sont ces selles *à la française* qui ont continué à être en usage dans nos manéges.

On y a conservé aussi la selle à piquer pour monter les sauteurs en liberté et dans les piliers, parce qu'elle sert à assurer le tenue du cavalier contre le danger d'être désarçonné, en lui donnant les moyens de résister aux sauts et aux bonds les plus violents du cheval.

Nomenclature des parties qui forment la Selle rase dite à la Française.

L'arçon de la *selle à la française* se compose de neuf pièces en bois de hêtre, qui sont :

L'arcade de devant, formée de deux pièces, et surmontée des *liéges*, qui prennent le nom de *battes* lorsqu'elles sont recouvertes de peau.

L'arcade de derrière est formée de deux pièces réunies par un *pontet*, qui constitue *la liberté du rognon*.

Deux bandes ou *lames* réunissent les arcades et forment l'ensemble de l'arçon.

Les pièces de fer propres à consolider l'arçon et à donner attache à une certaine partie du harnachement, sont :

La bande de garrot, la bande de collet qui lui sert de contre-rivure.

Les deux bandes de fer, dites de rognon, servent également à consolider l'arcade de derrière.

L'arcade de devant présente en avant *deux boucles enchapées*, destinées à attacher le poitrail.

Les bandes portent aussi deux boucles en avant pour les étrivières, et deux boucles en arrière pour les contre-sanglons.

Le faux-siége est formé de sangles croisées qui sont clouées à l'arçon ; il est garni d'une toile qui enveloppe la matelassure formée de laine cardée.

Le siége se divise en *assiette* et *mamelle*, plus le *col* qui donne l'ensellement.

Les panneaux se composent d'une toile qui contient le rembourrage et que recouvre une basane en cuir.

Les quartiers sont recouverts en veau laqué et piqués comme le siége.

Le poitrail se compose de *deux côtés, deux supports et une traverse ;* les supports se fixent à la selle, et les côtés s'engagent horizontalement dans la branche antérieure des sangles.

Les sangles se composent *d'un corps de sangles* et *d'une bifurcation* dont les branches antérieures sont moins longues que celles de derrière , et *d'un surfaix.*

La martingale se compose d'une bande de cuir terminée par un *œillet* à chaque extrémité, afin de pouvoir l'allonger ou la raccourcir.

La croupière se compose de *la longe,* de *la fourchette* et du *culeron.*

Les étrivières sont en cuir fauve ; elles supportent *un étrier* en cuivre avec sa grille.

Nomenclature de toutes les parties qui composent la Selle dite à l'Anglaise.

La selle à la française est faite dans l'intention de faciliter la position du cavalier et ses moyens d'action sur le cheval.

La selle à l'anglaise a été construite plus particulièrement en vue de charger le moins possible le cheval et de laisser à ses mouvements tout le jeu dont ils sont susceptibles.

L'arçon de la selle anglaise se compose de sept pièces, en bois de hêtre, dont deux pour l'arcade de devant, deux pour l'arcade de derrière, deux pour les bandes et une pour le troussequin

Elles sont consolidées dans leur assemblage par des bandes de fer, comme dans l'arçon de la selle à la française.

On a eu le soin de faire des porte-étrivières à ressort, qui se ferment d'arrière en avant pour que les étriers puissent se dégager en cas de chute.

Le faux-siége est construit comme dans les selles à la française.

La matelassure forme deux mamelles aux parties postérieures et latérales du siége; elle est unie aux petits quartiers, qui se fixent aux grands quartiers au moyen de tirants; le tout est couvert par une peau de cochon.

Les quartiers sont en cuir de vache souple, et offrent à leur partie antérieure une avance destinée à prêter un appui au genou du cavalier.

Les quartiers sont recouverts en cuir de cochon; ils sont fixés à l'arçon au moyen d'une galbe en avant et de vis en arrière.

Les panneaux sont en basane de mouton; ils offrent des bourrelets en avant et en arrière, en peau de cochon, et un molleton pour contenir le rembourrage, qui est ordinairement en laine.

Les étrivières sont en cuir fauve.

Les étriers sont en fer poli; la grille des étriers est piquée pour empêcher le pied de glisser.

Bride française.

La bride française est en cuir noir, les boucles plaquées ou vernies; l'extrémité des rênes se termine par un nœud coulant : elle ne porte pas de gourmette sur la têtière, et elle a en plus une muserolle et une sous-barbe à laquelle vient s'attacher l'extrémité de la martingale qui est soutenue dans sa partie médiane par le poitrail.

Le filet se compose d'un dessus de tête, de deux montants, d'un frontal et de rênes semblables à celles de la bride d'ordonnance.

Bride anglaise.

Les parties qui composent la bride anglaise sont les mêmes que celles qui composent la bride française ; seulement elles sont en cuir fauve, et toutes les parties qui la composent sont moins larges et plus légères.

Les montants de la têtière du filet s'engagent dans les œillets du frontal de la têtière de la bride et font en quelque sorte corps avec elle.

Dans la bride anglaise, les rênes qui s'attachent au mors sont plus minces que les rênes de la bride française, et au lieu d'un bouton pour les réunir, elles sont assemblées dans la partie supérieure par une couture.

Les rênes du filet, au contraire, sont beaucoup plus longues et plus épaisses; il y a nécessité qu'elles soient ainsi, afin d'être plus facilement maintenues par la main du cavalier, lorsqu'il veut faire tirer le cheval (l'appuyer sur la main). Elles se réunissent à leur partie supérieure par une boucle ; cette boucle sert à séparer les rênes pour les passer dans les anneaux de la martingale à anneaux. Leur longueur et leur épaisseur offrent encore un avantage, c'est qu'elles servent à attacher le cheval lorsque le cavalier est obligé, à la chasse, de mettre pied à terre ; la boucle qui les réunit est dans ce cas très-utile, puisqu'elle permet de les dégager promptement de la martingale.

On peut se servir, avec la bride anglaise, de deux espèces de martingales.

1° La martingale fixe, semblable à la martingale française, seulement, au lieu d'être soutenue par un poitrail, elle se passe dans un collier qui entoure la base de l'encolure.

2° La martingale à anneaux ; la longe de cette martingale se bifurque environ aux deux tiers de sa longueur, et reçoit aux extrémités de ses deux tiges un anneau qui donne passage aux rênes du filet. Cette martingale est de même maintenue par le collier.

La martingale à anneaux sert à fixer la tête du cheval, à le maintenir dans la position normale. On l'emploie particulièrement à la chasse, où, cessant de se servir du filet, on laisse au cheval toute sa liberté pour franchir les obstacles ; et si le cheval, après un saut, affecte une position fausse, l'emploi du filet avec l'aide de cette martingale le ramène à la position normale. C'est un instrument d'une grande ressource, mais dont il faut savoir useravec discernement.

Le mors anglais est semblable au mors français, il a quelquefois les branches plus minces; il n'a pas de bossettes et est ordinairement en fer poli.

La fausse-gourmette est une petite lanière en cuir qui se fixe d'un bout, par un coulant, à l'œillet pratiqué au bas de la branche droite du mors; l'autre extrémité s'arrête à une boucle qui est fixée par un petit cuir à l'œil placé au bas de la branche gauche, en passant toutefois dans un maillon disposé exprès au centre de la gourmette.

Le but de la fausse-gourmette est d'empêcher le cheval de prendre les branches avec les dents.

Mors.

Les mors sont en fer forgé; ils sont de trois espèces : *le mors du bridon*, *le mors du filet* et le *mors de la bride.*

Mors du bridon : il se compose de deux *canons* articulés ensemble par une charnière nommée *pli :* les canons se terminent par deux anneaux *à oreilles* qui reçoivent en même temps les montants et les rênes.

Mors du filet : il est formé de deux canons plus minces que ceux du bridon et s'articulant à *double brisure;* ces canons se terminent par deux anneaux qui reçoivent en même temps les montants et des rênes.

Mors de la bride : il se divise en *embouchure, bran-*

ches et *gourmette*. Les autres pièces sont accessoires et servent ou à assurer les premières, ou seulement à orner le mors. Ce sont *les fonceaux*, *les anneaux*, *l'S*, *le crochet* et *les bossettes*.

L'embouchure se place dans la bouche du cheval et s'étend d'une branche à l'autre ; elle se divise en *canons*, *liberté de langue* et *talons*.

Les canons agissent sur les barres.

La liberté de langue est une sorte d'arcade qui sert à loger la langue.

Les talons séparent la liberté de langue des canons.

Les branches servent à faire agir l'embouchure et la gourmette ; elles se réunissent aux canons par *le banquet*, *la broche du banquet*, *l'arc du banquet*, et *les fonceaux*.

Le banquet est un évidement ou mortaise qui se trouve vers le milieu de la branche.

La broche du banquet suit la direction du prolongement antérieur des branches. *L'arc du banquet* consolide la branche et contourne le canon.

Les fonceaux forment la contre-rivure qui fixe l'embouchure aux branches.

Au-dessus des fonceaux s'élève *le haut de la branche* terminée par *l'œil*, anneau elliptique qui reçoit l'S ou le crochet de gourmette en même temps que le porte-mors.

Au-dessous des fonceaux se trouve le *bas de la branche*.

A la partie moyenne et postérieure de la branche

est adapté un *œillet* destiné à recevoir, au besoin, une fausse-gourmette en cuir, se bouclant à gauche.

Au bas de la branche est un *tenon* arrondi, où se meut *l'anneau de porte-rênes*.

La gourmette se compose *de mailles* et *de maillons* en fer. Les *mailles* agissent sur la barbe du cheval; les *maillons* servent à rattacher la gourmette.

Un seul maillon attache la gourmette à l'S placé du côté droit; deux autres, placés du côté gauche, permettent d'allonger ou de raccourcir la gourmette. L'un d'eux, habituellement le second, vient se fixer au crochet placé à gauche. Au milieu de la gourmette est un quatrième maillon pour le passage de la fausse gourmette en cuir.

Les bossettes se fixent au dessus des fonceaux par deux clous rivés qui traversent les oreilles de bossette.

Action du Mors de bridon et de filet.

Le mors du bridon est le frein le plus doux; il agit particulièrement sur la commissure des lèvres et sur la langue; il ne peut, que bien exceptionnellement, offenser la bouche et particulièrement les barres.

Rien n'est aussi simple que ses effets : quand on tire également sur les rênes, la résistance que l'on marque sur la bouche, relevant la tête et l'encolure, arrête le cheval.

Quand on provoque le mouvement en avant, le cheval se livre avec d'autant plus de franchise qu'il ne redoute pas le frein, et qu'il s'appuie avec confiance dessus.

Quand les rênes ont une action égale, le cheval chemine droit. Quand on tire et ouvre l'une plus que l'autre, il s'opère un frottement de dehors en dedans sur toute la bouche qui attire la tête et l'encolure du côté de la rêne qui s'ouvre, ce qui fait changer le cheval de direction.

Le mors du filet agit de la même manière ; il pourrait offenser la bouche plus que le mors du bridon, parce que les canons sont plus minces ; mais on ne l'emploie jamais qu'avec le mors de bride ; il ne sert qu'à le suppléer dans certains cas, ou bien à lui venir en aide par des effets combinés.

De l'Embouchure avec le Mors de bride.

Emboucher un cheval, c'est approprier son mors à la conformation et aux qualités de sa bouche. L'énoncé de cette proposition suffit pour faire comprendre qu'il existe deux conditions que demande le choix intelligent du mors.

1º Qu'il faut apprécier les qualités de la bouche à l'extérieur du cheval ;

2º Qu'il faut lui donner le mors le plus propre à obtenir des effets réguliers de la part de la main qui emploie cet instrument.

La bouche offre une sensibilité relative à la nature des parties qui la forment.

Les barres seront d'autant plus sensibles que la crête osseuse qui recouvre la membrane buccale sera plus mince.

Le peu d'épaisseur de cette membrane et son degré de susceptibilité nerveuse modifient aussi les propriétés des barres.

Par contre, la rondeur des barres, recouverte d'une membrane épaisse, diminue proportionnellement leur sensibilité.

Les lèvres peuvent être épaisses ou minces et jouir d'une mobilité telle, qu'elles se glissent facilement sous le mors et atténuent son action. Les animaux chez lesquels on rencontre cette disposition sont difficiles à bien emboucher.

Les bouches trop fendues laissent remonter le mors de manière à l'empêcher de porter sur les barres.

Les bouches petites et peu fendues forcent le mors de porter trop près des incisives.

Lorsque la langue est trop épaisse, elle peut se glisser sous le mors, le soulever, et annihiler ses effets.

L'examen de la conformation du cheval peut aussi régler les qualités du mors que l'on voudra employer. Cet examen devra surtout porter sur la hauteur proportionnelle de l'avant et de l'arrière-main, la force, les facultés de leurs mouvements, la manière dont le cheval porte la tête et l'encolure.

On rendra un mors plus ou moins dur en variant la forme et les proportions des parties qui le constituent. Si donc on veut augmenter la puissance du mors, on allongera la partie inférieure des branches, on diminuera l'épaisseur des canons, qui seront talonnés, et on élèvera la liberté de la langue; on augmentera la puissance de la gourmette.

On construira un mors très-doux en suivant des conditions diamétralement opposées à celles qu'on vient d'établir.

Mécanisme du Mors.

Dans son action normale, le mors représente un levier de deuxième genre, sa résistance étant placée entre le point d'appui et la puissance. En effet, la résistance est placée au canon, l'appui est placé à la partie supérieure des branches dont la gourmette est un trait d'union, et la puissance est à la partie inférieure.

Toutes les fois que l'on serre la gourmette, on augmente les effets du mors.

Effets du Mors.

Le mors sert à reculer, à maintenir, à diriger et à arrêter le cheval.

Lorsque le cheval est en place, si la main en se portant en arrière tend les rênes de façon à provoquer la pression du canon sur les barres, le cheval, pour céder à cette pression, reculera.

Si, au contraire, la main se fixe sans agir, et que les jambes en augmentant leur pression provoquent le déplacement du cheval en avant. dans ce mouvement progressif, la bouche du cheval viendra se mettre en rapport avec le mors, qui dès lors sera le soutien et le régulateur de sa marche.

Dans ce cas, si les deux canons offrent un soutien égal, le cheval cheminera droit.

Tandis que si une rêne se tend plus que l'autre, il changera forcément de direction.

La rêne qui se tend, en agissant sur le canon correspondant, imprime toujours une sensation sur la même barre, celle du côté où 'la rêne agit. Ce qui n'empêche pas cette rêne de diriger le cheval de l'un ou de l'autre côté, cela dépend de la direction qu'on lui donne. Si elle s'ouvre, elle attire la tête et l'encolure du côté où la main se porte ; si, au contraire, on la rapproche de l'encolure et qu'on l'appuie dessus, on fait refluer le poids de la tête et de l'encolure du côté de la nouvelle direction que l'on a donnée à la main, et l'équilibre étant rompu de ce côté, le cheval tourne dans cette nouvelle direction ; il ne cesse de tourner que lorsque les barres sont également impressionnées, c'est-à-dire lorsque les rênes ont une action égale.

A l'article *Aides de la main*, quatrième leçon, j'expliquerai avec plus de détails les effets du mors.

CHAPITRE PREMIER.

PREMIÈRE LEÇON.

L'instructeur devra expliquer les termes de manége dont il se servira dans le travail des leçons; il donnera brièvement la nomenclature de toutes les parties du cheval et de son harnachement.

PREMIÈRE PARTIE.

Le cheval en bridon. — Se préparer à monter à cheval. — Monter à cheval. — De la position de l'homme à cheval. — Manière de prendre les rênes du bridon dans chaque main. — Manière de les allonger, de les raccourcir, de les croiser et de les ajuster. — Explication de l'action des aides et de leurs effets. — Se préparer à mettre pied à terre. — Mettre pied à terre.

Cette première partie de la leçon se donnera de pied ferme; elle est principalement destinée à la position du cavalier.

Les chevaux, sellés et en bridon, seront choisis de préférence parmi les plus sages. Ils seront placés sur la même ligne à trois pas l'un de l'autre; chaque cheval sera tenu par un palefrenier.

Le cavalier se place, faisant face à la tête du

cheval, tenant la cravache dans la main gauche, le petit bout en bas.

Quand on se sert de l'étrier pour monter à cheval, il y a deux manières d'y monter. La première, comme dans l'Ordonnance de cavalerie : au commandement *Préparez-vous pour monter à cheval*, « se porter en avant, faire un à-gauche vis-à-vis » de l'épaule du cheval pour prendre l'extrémité des » rênes avec la main droite, faire encore un à-gau- » che, et se porter à deux pas en arrière, afin de » placer le flanc droit du cavalier à la hauteur du » flanc gauche du cheval, la main droite se pla- » çant sur le troussequin. »

Engager le tiers du pied gauche dans l'étrier, saisir une poignée de crins par-dessus les rênes, le plus avant possible, l'extrémité des crins sortant du côté du petit doigt. Au commandement *A cheval*, s'élancer du pied droit en tirant fortement les crins à soi ; appuyer en même temps la main droite sur le troussequin, s'enlever sur l'étrier, rapprocher la jambe droite de la gauche, rester un temps dans cette position, le corps droit ; passer ensuite la jambe droite par-dessus la croupe du cheval, sans la toucher, se mettre légèrement en selle, en portant la main droite, sans quitter les rênes, sur la batte droite. Prendre une rêne dans chaque main s'il est en bridons ou les saisir de la main gauche, si le cheval est en bride.

La deuxième manière de monter à cheval est généralement employée, au manége, lorsque l'on monte des chevaux qui peuvent se doubler et frapper le cavalier avec les pieds de derrière. Au commandement *Préparez-vous pour monter à cheval*, faire un pas en avant, en partant du pied droit, puis un à-gauche pour faire face à la pointe de l'épaule gauche du cheval. Saisir les rênes avec la main droite, élever la main jusqu'à ce que l'on sente une légère tension des deux rênes. Saisir alors les rênes avec la main gauche en les séparant avec le petit doigt, descendre la main gauche sur l'encolure, après avoir laissé tomber l'extrémité des rênes du côté droit, prendre une poignée de crins avec la main droite, les placer dans la main gauche qui tient en même temps les rênes. Ceci exécuté, faire un à-droite pour placer le côté gauche à la hauteur de la pointe de l'épaule du cheval ; saisir l'étrivière gauche avec la main droite pour la mettre sur son plat ; engager le tiers du pied gauche dans l'étrier, appuyer le pied gauche et porter la jambe droite en avant, tourner le corps en face du cheval, de façon que la jambe gauche soit placée perpendiculairement sur l'étrier ; assurer le genou au corps du cheval, porter la main droite sur le troussequin, s'enlever sur l'étrier, conserver le corps droit, les épaules effacées. Porter ensuite la main droite sur la batte droite, le pouce en dehors, les quatre doigts en dedans, passer la jambe droite tendue par-dessus la croupe du cheval, sans la toucher, et se mettre doucement en selle.

Prendre la cravache de la main droite, la placer le petit bout en haut et incliné en avant dans la direction de l'œil gauche, saisir une rêne de bridon dans chaque main.

Enfin, il reste une autre manière de monter à cheval, sans se servir des étriers ; elle est souvent employée, au manége, pendant les premières leçons. Elle prescrit de se porter en avant, comme précédemment ; de se placer à la pointe de l'épaule gauche, prendre les rênes, rester en face de l'encolure, saisir une forte poignée de crins dans la main gauche, mettre la main droite sur le pommeau de la selle, plier les jarrets, s'enlever sur l'encolure, soutenir le corps sur les bras tendus, rester un temps dans cette position, et passer ensuite la jambe droite par-dessus la croupe et se placer en selle.

Nota. — Les premières leçons doivent toujours être exécutées sans étriers.

De la position du cavalier sur le cheval.

Les fesses doivent porter également sur la selle et le plus en avant possible pour établir la base la plus large ; les cuisses tournées sans effort sur leur face interne, embrassant également le cheval et ne s'allongeant que par leur propre poids et par celui des jambes ; le pli des genoux liant, afin de faciliter l'action des jambes ; les jambes tombant sans raideur, ainsi que les pointes des pieds ; les reins soutenus sans raideur, afin de faciliter les déplacements en avant ou en arrière du haut du corps; le haut du corps aisé, libre et droit.

Les épaules également effacées.

Les bras libres, les coudes tombant naturellement sur les hanches.

La tête droite, aisée et dégagée des épaules.

Le moyen d'assurer l'aplomb du corps est de chercher à le faire reposer sur la base la plus large possible, et de la maintenir par la pesanteur des cuisses qui tombent des deux côtés du cheval, pour l'envelopper et se fixer à lui.

L'adhérence et la pression des cuisses et de leurs condyles internes, dans certains cas donnés, fixent l'homme à cheval, et assurent sa tenue.

Cette position du cavalier, qui est la plus naturelle, donne l'aisance, la grâce, la solidité qui permet mieux le libre emploi des aides qui servent à dominer le cheval.

Manière de tenir les rênes du bridon dans chaque main.

Une rêne du bridon dans chaque main, l'extrémité supérieure sortant du côté du pouce, les doigts fermés, le pouce allongé sur chaque rêne, les mains à hauteur du coude, soutenues et séparées à 16 centimètres l'une de l'autre, les doigts se faisant face.

Manière d'allonger les rênes.

Rapprocher les mains l'une de l'autre sans les renverser ; saisir la rêne gauche avec le pouce et le

premier doigt de la main droite, à 3 centimètres au-
dessus du pouce gauche ; entr'ouvrir la main gauche et faire couler la rêne jusqu'à ce que les deux
pouces se touchent ; refermer ensuite les doigts et
replacer les mains à 16 centimètres l'une de l'autre.
Allonger la rêne de la même manière et par les
moyens inverses.

Ajuster les rênes.

On ajuste les rênes en employant les moyens indiqués pour les allonger ou les raccourcir.

Croiser les rênes dans la main gauche.

Renverser un peu la main gauche, les ongles en
dessous, en l'amenant vis-à-vis du milieu du corps ;
entr'ouvrir la main, placer la partie de la rêne qui
est dans la main droite sur la rêne gauche ; refermer la main gauche et placer la droite à hauteur
de la gauche ; le pouce allongé sur la cravache.

Séparer les rênes.

Saisir avec la main droite la partie de la rêne
droite qui est dans la main gauche, replacer les
mains.

Croiser les rênes dans la main droite.

Mêmes principes et moyens inverses à ceux indiqués pour la main gauche, la cravache restant
dans la main droite.

Mêmes principes et moyens inverses à ceux indiqués pour la main gauche.

OBSERVATIONS POUR L'INSTRUCTEUR

SUR LA MANIÈRE DE FAIRE ÉTABLIR LA POSITION.

L'instructeur ne doit pas se contenter d'expliquer la position, il doit encore chercher à corriger les défauts de conformation de chaque élève qui s'opposent à ce qu'il prenne la position normale. Ainsi, par exemple, un élève dont le rein sera creux aura de la raideur et sera placé sur l'enfourchure; il faudra lui recommander de bien relâcher le rein, et même de l'arrondir; car il n'y a pas à craindre de lui faire outrer cette position, attendu qu'il sera toujours assez disposé à revenir à son premier défaut; par cette rectification de sa position, on le forcera à bien s'asseoir et on s'attachera à lui faire comprendre que la première condition d'une bonne position est d'être bien assis et d'avoir de l'aisance, ce qui est impossible quand le rein est raide et creux. Si, au contraire, l'élève a trop d'abandon et arrondit le rein, il aura la poitrine rentrée et les épaules trop en avant; il faudra alors lui faire soutenir le rein et le faire même creuser au besoin, afin de l'habituer à prendre une position plus soutenue.

Ces divers moyens doivent être laissés à l'intelligence de l'instructeur, et ne peuvent être enseignés comme principes généraux.

En résumé, l'instructeur cherchera à approprier

ses recommandations aux défauts de position de chacun de ses élèves. Après avoir assuré l'assiette des cavaliers, il doit s'attacher à régulariser la manière d'être des autres parties du corps. Son attention doit particulièrement se porter sur la position des bras et sur celle des jambes; il doit s'assurer que les bras et les mains aient la position indiquée, et ne contractent aucune raideur, car elle s'opposerait à la régularité de l'action des rênes et déterminerait des effets trop durs sur la bouche du cheval. De même, il doit, après avoir fait tomber les cuisses et les jambes des cavaliers par leur propre poids, voir si les genoux sont bien fixés à la selle.

Il faut que les jambes trouvent dans la fixité des genoux un appui qui leur permette de produire leurs effets avec précision et sans à-coup. Il est, chez les élèves, de certaines conformations qui doivent obliger l'instructeur à faire forcer la position des cuisses, afin de les tourner assez pour que les genoux ne s'ouvrent pas et conservent le plus possible leur adhérence à la selle, adhérence sans laquelle les aides des jambes perdent toute leur valeur. Généralement, la position des genoux et des jambes dépend de la position des cuisses.

Chercher à faire tourner la pointe du pied en dedans, les jambes et les genoux, sans que les cuisses participent à ce mouvement, serait une faute, parce qu'on provoquerait ainsi une contraction qui annihilerait l'action des jambes. Les genoux trop tournés en dedans sont un inconvénient aussi grave que les genoux ouverts en dehors ; ces deux positions ne pourraient être prises que par l'emploi de la force qui exclurait l'aisance et la facilité de position. Avec la position des genoux en dedans, la jambe, étant éloignée du corps du cheval, perdrait ses moyens d'action réguliers.

Si les genoux étaient ouverts, les cuisses perdraient leurs moyens de tenue, et les jambes trop rapprochées du corps du cheval, agissant indépendamment de la volonté du cavalier, amèneraient infailliblement le désordre dans les mouvements.

Du reste, ces diverses rectifications ne peuvent s'opérer qu'avec le temps.

La position du corps, des mains et des jambes une fois bien expliquée, il faut, avant de mettre l'élève en mouvement, lui enseigner d'une manière succincte la valeur des aides des mains et des jambes pour agir sur le cheval.

DES AIDES.

PRINCIPES GÉNÉRAUX.

Les jambes, agissant sur les parties postérieures du cheval, tendent, par leur action, à provoquer le mouvement en avant et à maintenir l'arrière-main.

Les mains, agissant sur les parties antérieures,

servent à diriger, à maintenir, à arrêter, à reculer le cheval; il faut donc qu'il y ait un accord parfait entre les mains et les jambes qui sont les aides.

La pression égale des deux jambes sur le corps du cheval provoque le déplacement direct en avant; la pression inégale, tout en provoquant le mouvement en avant, dirige l'arrière-main de travers, c'est-à-dire que le cheval, recevant une pression plus forte de la jambe gauche, tout en se portant en avant, fuira en même temps cette pression, en laissant dévier son arrière-main à droite *et vice versâ*.

Les mains, en déterminant sur les barres, par l'effet des canons du bridon, une résistance égale de devant en arrière, provoquent le mouvement direct en arrière. La résistance d'avant en arrière d'une des rênes provoque un mouvement rétrograde qui fait reculer et dévier l'arrière-main du côté opposé à celui où la rêne a agi.

La traction d'une rêne, lorsqu'elle n'agit pas de devant en arrière, mais qu'elle attire la tête de côté, fait changer la direction du cheval de ce côté. Lorsqu'à l'effet de traction d'une rêne on joint l'effet d'appui de la rêne opposée sur l'encolure, on détermine le tourner, puisque cette dernière rêne dirige la tête et l'encolure dans la direction où la première rêne cherche à l'attirer.

Dans la marche, le soutien égal des rênes indique la marche directe; l'inégalité de soutien dans les rênes provoque des directions obliques.

Ces principes ne doivent pas recevoir d'explications plus détaillées pour les commençants. Il faut d'abord bien faire comprendre les actions simples, leur valeur réelle, avant de dire comment elles peuvent se contrebalancer, se combattre ou s'annihiler.

Il sera néanmoins nécessaire, après avoir indiqué le moyen de mettre le cheval en mouvement, d'expliquer comment les aides des mains doivent agir pour déterminer la direction et maintenir ou régler le mouvement en avant.

Nous avons dit que les jambes provoquaient le mouvement, et que les mains étaient destinées à indiquer la direction que l'on voulait suivre. Il devient donc essentiel, aussitôt que le mouvement est provoqué, que la direction soit indiquée, c'est-à-dire qu'aussitôt que les jambes ont agi, la main se trouve en contact avec la bouche du cheval. Si le contact n'existait pas dès lors que le cheval est mis en mouvement, il en résulterait ou de l'incertitude dans le déplacement qui n'aurait pas d'indication, ou bien un déplacement qui, n'étant pas maintenu, pourrait être trop étendu ou trop heurté, ce qui nécessiterait alors de la part des aides de la main une action de surprise et des à-coup qui pourraient, dès le principe, désordonner le mouvement.

Il est évident que, pour que le cheval puisse aller en avant, il faut qu'il ne trouve pas dans la main une résistance qui le ferait reculer au lieu de le diriger en avant. Mais de cette action régulière, légère et fixe de la main, à une résistance, il y a une grande différence.

Ce soutien de la main, répétons-le, ne provoque nullement le mouvement rétrograde; mais il sert, aussitôt que les jambes ont agi, à diriger le cheval en avant, à mettre, sans à-coup, sans surprise, la main de l'homme en rapport avec la bouche du cheval, à l'exciter à aller en quelque sorte au-devant de cette aide de la main qui doit le maintenir et le diriger.

Lorsque les rênes sont flottantes, comme elles ne peuvent donner aucune direction au commencement du mouvement, il arriverait, si les mains agissaient alors, que le rapport qui s'établirait entre la main du cavalier et la bouche du cheval produirait un à-coup, une surprise de main qui viendrait interrompre, contrarier le mouvement provoqué par les jambes. Il est constant que, lorsque les jambes déterminent le mouvement en avant, la main ne doit pas l'entraver, l'arrêter; mais ce n'est pas l'entraver, c'est au contraire l'aider, le guider, le soutenir que de faire sentir au cheval ce léger appui, ce rapport qu'il vient de chercher de lui-même en se portant en avant.

Quand les rênes sont flottantes, le cheval, après avoir cédé à l'action des jambes, ne trouvant rien qui le guide, très-souvent reste incertain, et, ne sachant quelle direction prendre, finit par s'arrêter.

Nota. — On voit beaucoup de chevaux dans la cavalerie qui tiennent au rang parce que leur instinct les porte à aimer la société des autres chevaux. On fera sortir un cheval du rang avec d'autant plus de facilité, qu'après avoir fait agir les jambes, les mains seront prêtes à lui indiquer la direction qu'il doit suivre. Ainsi, le moyen mis en usage par beaucoup de cavaliers de rendre la main et fermer les jambes ne produit pas souvent le résultat qu'on espère, parce que, dans ce cas, rien n'indique au cheval où il doit aller.

Se préparer à mettre pied à terre.

Croiser les rênes dans la main droite pour abattre l'étrier gauche avec la main gauche ; chausser le pied gauche jusqu'au tiers ; placer les rênes croisées dans la main gauche ; élever la cravache avec la main droite, le bras étendu de toute sa longueur ; placer la cravache dans la main gauche, le petit bout en bas ; prendre avec la main droite une poignée de crins et les passer dans la main gauche qui tient en même temps les rênes ; placer la main droite sur la batte droite, le pouce en dehors, les quatre doigts en dedans.

Pied à terre.

S'enlever sur l'étrier gauche, le corps droit, en s'appuyant de la main droite sur la batte ; passer la jambe droite tendue par-dessus la croupe du cheval sans la toucher ; rapprocher la cuisse droite près de la gauche, la main sur le derrière de la selle ;

arriver à terre du pied droit et rapporter le gauche à côté du droit.

Les principes généraux une fois bien démontrés dans la leçon de pied ferme, on continuera à les appliquer dans la leçon suivante, le cavalier étant en mouvement.

DEUXIÈME PARTIE.

TRAVAIL EN MOUVEMENT.

Marche directe au pas. — Arrêter.—Remettre le cheval en mouvement. — Tourner à droite et à gauche. — Marche directe. — Entrer dans les coins. — Changement de main.

Ce travail étant exécuté au pas, à main droite et à main gauche, doubler individuellement, arrêter et mettre pied à terre.

NOTA. — La durée de chaque série de mouvement sera toujours subordonnée aux progrès des élèves. L'instructeur doit faire les démonstrations de la manière la plus simple et la moins verbeuse, afin de ne pas fatiguer l'attention des élèves. Des explications plus étendues auront leur place dans les leçons subséquentes.

Les élèves étant à cheval, l'instructeur, après avoir rectifié les positions, commandera : *Préparez-vous à vous porter en avant.* A ce commandement, les cavaliers augmenteront la pression des jambes, en assurant les poignets afin d'établir un rapport plus intime entre eux et le cheval, et de le disposer à exécuter avec plus de précision les mouvements demandés. Cette prescription, qui n'est qu'un avertissement pour le cheval, répond au rassemblé de l'Ordonnance.

Au commandement *Marchez*, on augmentera également la pression des jambes en pliant les jarrets, afin que l'action du gras des jambes se fasse sentir en arrière des sangles. Les mains resteront placées comme nous l'avons indiqué.

La pression égale des jambes déterminera le cheval dans un mouvement direct en avant ; les mains ayant été assurées préalablement, ainsi qu'il a été expliqué, ressentiront l'effet de ce mouvement.

NOTA. — Quand on fait marcher les cavaliers en filet, la distance à observer entre chaque cheval doit être de 2 mètres 1/2 à 3 mètres.

Après avoir fait suivre quelques pas la marche directe, l'instructeur commandera : *Préparez-vous à arrêter*.

Rassembler son cheval en augmentant un peu le rapport des aides.

Au commandement d'arrêter, peser sur son assiette, diminuer la pression des jambes et augmenter l'action des mains en portant les poignets un peu en arrière : leur action doit primer alors l'effet des jambes, qui doivent néanmoins agir assez pour régulariser le mouvement de la masse, en l'empêchant de reculer, de se porter à droite ou à gauche.

Le cheval une fois en place, le corps ainsi que les mains reprendront leur première position.

Nota. — Le cavalier en pesant sur son assiette, en augmente la base, amoindrit le contre-temps que produisent les arrêts instantanés du cheval.

Le cavalier, en augmentant la base de son assiette, recule aussi un peu le corps, et facilite ainsi le mouvement en arrière des bras et des mains.

Les chevaux étant arrêtés et les positions rectifiées, l'instructeur fera recommencer la marche directe et les arrêts.

On ne saurait trop insister, dans le principe, sur l'utilité de faire mettre en mouvement et arrêter souvent, afin d'habituer les élèves à maintenir leurs chevaux tout en conservant leur position.

Lorsque la mise en mouvement et les arrêts seront bien compris, l'instructeur, après avoir commandé le mouvement en avant, commandera : *Préparez-vous pour tourner* ou *doubler à droite.*

Comme dans ce mouvement, les aides, surtout les mains, doivent agir de façon à indiquer la nouvelle direction, et que toutes les indications transmises au cheval, soit pour le mouvoir, soit pour l'arrêter, doivent être faites sans surprise, au commandement préparatoire, les élèves formeront un soutien plus marqué sur la bouche du cheval, qui, en cette circonstance, a besoin d'être bien en rapport avec les mains du cavalier.

Quand les chevaux seront ainsi préparés par l'action des deux jambes et par l'action égale des deux rênes, l'instructeur commandera :

Doublez ou *tournez individuellement à droite*.

A ce commandement, les élèves, tout en continuant l'action des aides des jambes, porteront la main droite à droite, afin d'opérer un effet de traction qui attire la tête et l'encolure de ce côté. En même temps la main gauche, sans cesser son contact avec la bouche du cheval, se portera d'abord un peu en avant et ensuite graduellement à droite, afin de déterminer la pression de la rêne gauche sur l'encolure, ce qui provoquera le déplacement de l'avant-main à droite, et le changement de direction que la main droite avait commencé à demander.

Les jambes, tout en activant l'action en avant, viennent concourir aussi à l'action du tourné : la jambe droite en faisant suivre aux hanches le terrain parcouru par les épaules, et la gauche, pour régulariser et modifier l'effet de la première.

Portez-vous en avant. Les jambes agiront également, et les mains se maintiendront alors fixes et légères dans la direction indiquée.

L'effet de la traction à droite et celui de la pression à gauche ayant cessé, les rênes ayant une action égale sur la bouche, le cheval reprendra la marche directe.

Nota. — Il est très-essentiel que l'instructeur

s'attache à faire exécuter les doublés et les tournés par l'action combinée des deux mains, ainsi que nous venons de l'expliquer.

Il n'est pas douteux que le tourné à droite puisse s'obtenir par l'effet seul de la traction de la rêne droite du bridon. Cependant, cette action isolée sera fausse, lorsqu'un cavalier inexpérimenté produira un effet trop intense qui donnera lieu à des résultats contraires à ceux qu'il voudrait obtenir.

Ainsi, par exemple, pourquoi, par l'effet de traction, le cheval tourne-t-il à droite? C'est que, du moment où la tête se porte à droite, l'encolure suit le mouvement de la tête, comme l'épaule suit celui de l'encolure, et qu'ainsi l'avant-main est entraînée de ce côté.

Mais si, au lieu de porter tout le poids de l'avant-main à droite, l'élève, après une traction qui a pu placer la tête du cheval à droite, ne porte pas assez la main à droite et tire sur la rêne droite de telle sorte que la tête se trouve attirée en arrière par la tension de la rêne, qui agit alors d'avant en arrière, au lieu d'agir de gauche à droite, qu'arrivera-t-il? C'est que l'encolure ne trouvant plus le moyen de se plier et de se porter à droite pour suivre le mouvement qui a été imprimé à la tête, se portera à gauche et chargera de toute sa pesanteur l'épaule gauche, qui entraînera l'avant-main à gauche et la fera tourner de ce côté, quoique la tête soit tournée du côté droit.

3.

On voit, d'après ce que nous venons de dire, que cette action isolée, étant susceptible de produire un effet contraire à celui désiré, peut laisser du doute dans l'esprit de l'élève, ce qu'il faut toujours éviter, tandis que l'action des deux rênes produit un résultat infaillible, car tout ce qui pourrait être irrégulier dans l'action de la rêne droite, se trouve rectifié par la pression de la rêne gauche.

En employant ce moyen dès le commencement, les élèves prendront l'habitude d'accorder l'action des deux mains, ce qui les conduira à se rendre un compte exact des effets des rênes au moment où ils prendront la bride.

L'instructeur doit veiller avec un soin scrupuleux à ce que les élèves ne mettent ni raideur, ni contraction dans toutes les actions des mains. Il ne doit donc pas se borner à recommander ce qu'il convient de faire, il faut qu'il touche les mains, les bras des élèves, pour s'assurer qu'il n'existe pas de contrainte.

Quand les cavaliers seront familiarisés aux changements de direction à droite et à gauche, l'instructeur commencera à exiger le passage des coins. L'entrée, le passage, la sortie d'un coin, obligent le cavalier à mettre en pratique et à nuancer tous les moyens d'action qu'il peut avoir sur le cheval. C'est pourquoi il faut, de bonne heure, exiger des élèves qu'ils exécutent ce travail.

Au moment où l'instructeur dira : *Préparez-vous à entrer dans le coin.*

Chaque cavalier, à mesure qu'il arrivera à quatre mètres de l'angle du mur qui forme le coin, assurera les mains, en les maintenant dans la direction de ce coin. Les deux jambes augmenteront leur pression de façon à pousser le cheval en avant et à le faire donner dans la main ; car si l'avant-main n'était pas soutenue et maintenue par les aides des mains, et si les jambes n'agissaient pas pour seconder ce mouvement, le cheval tournerait infailliblement sans entrer dans le coin : cette manière de tourner lui étant plus facile que celle que l'on vient d'indiquer.

Lorsque le cheval porté en avant par les jambes sera maintenu par les mains dans le coin, les mains marqueront alors un arrêt avant de se porter à droite, ainsi qu'il a été expliqué pour le doublé.

Les deux jambes agiront également jusqu'au moment où l'avant-main sortira du coin, et, quand elle sera engagée dans la nouvelle direction, le cavalier, sans cesser de soutenir les mains, augmentera la pression de la jambe droite et diminuera celle de la gauche, afin de diriger l'arrière-main à gauche, et de la faire passer, à son tour, dans l'angle du mur. Une fois que l'arrière-main aura passé ce coin, les mains diminueront leur soutien en se maintenant également, et les jambes agiront aussi également et sans force pour entretenir le mouvement en avant. Tous les coins doivent être passés de la même manière.

Le passage du coin est un travail spécial ; dans

les tournants ordinaires, c'est la jambe de dehors qui doit avoir la principale action.

Quand l'instructeur voudra faire exécuter à main gauche le travail qui aura été fait à main droite, il commandera : *Préparez-vous à changer de main*.

A cet avertissement, les élèves soutiendront un peu les poignets, comme il a été dit pour le doublé et le passage des coins, et au commandement :

Changez de main, les deux mains se porteront insensiblement à droite, pour sortir l'avant-main du mur, en engageant le cheval dans la ligne diagonale qu'il doit parcourir pour traverser le manége et gagner ainsi le mur opposé.

Le cheval étant ainsi placé sur cette diagonale, par une légère traction de la rêne droite et la pression de la gauche sur l'encolure (1), les deux mains resteront dans la direction de cette ligne, que le cheval suivra du moment où les deux rênes auront un égal soutien. Les deux jambes du cavalier agiront aussi également pour entretenir le mouvement, maintenir l'arrière-main et faire donner le cheval dans la main. Arrivé au mur opposé, les deux mains se porteront insensiblement à gauche, dans la direction du coin vers lequel on se dirige, et que l'on passera à main gauche, suivant les moyens indiqués pour le passage du coin à main droite.

Nota. La fixité des mains, leur rapport léger et

---

(1) Voir la 4ᵉ leçon, *Théorie du mors de bride et du bridon.*

continu avec la bouche du cheval, est un principe
sur lequel l'instructeur ne saurait trop insister,
parce qu'il sert, si nous pouvons nous exprimer
ainsi, à identifier de bonne heure le cavalier avec
le cheval.

Le cheval, maintenu par les aides et en rapport
constant avec le cavalier, ne peut faire un mouvement sans que celui-ci n'en soit immédiatement
prévenu, ce qui le met à même d'arrêter tout désordre qu'une circonstance fortuite pourrait faire
naître et qui aurait lieu si le cheval était abandonné.

Sans expliquer actuellement tous les avantages
qui résultent de la fixité des mains pour régler les
allures et donner de la franchise au cheval, il est
bon d'habituer l'élève qui débute, à cette fixité de la
main qu'il saura apprécier en raison de ses progrès.

Ainsi, par exemple, supposons que l'instructeur
commande à un élève de suivre une ligne droite.
N'ayant pas de mur pour se guider, que devra faire
l'élève en pareille circonstance? Exécuter ce qui lui
a été déjà prescrit, c'est-à-dire se mettre en rapport
avec la bouche du cheval, placer les deux mains
dans la direction indiquée et les maintenir de façon
à donner aux deux rênes une tension égale, ce qui
assurera la marche directe.

Supposons maintenant que le cheval, marchant
dans cette direction, rencontre un objet qui l'effraie
et le porte à se jeter à gauche. Si les rênes étaient

flottantes et ne le maintenaient pas, il sortirait de la ligne directe sans que le cavalier pût s'y opposer, puisque rien ne l'en aurait prévenu ; tandis que, s'il est en rapport avec la bouche du cheval, dès que celui-ci déplacera sa tête pour se jeter à gauche, les mains recevront nécessairement l'avertissement de ce déplacement de la tête et de l'encolure par l'appui que le cheval viendra prendre sur la rêne gauche en se jetant de ce côté. Si le cavalier, dans ce moment, n'abandonne pas le contact qu'il a avec la bouche du cheval et s'il est bien pénétré du principe qui lui a été donné, que, pour suivre une direction et se porter vers un point quelconque, les mains doivent prendre une position qui soit relative à ce point et se maintenir fixes et assurées, qu'arrivera-t-il? C'est qu'au moment où le cheval se jettera à gauche, la rêne gauche, sur laquelle l'encolure viendra s'appuyer, agira par pression pour repousser le cheval à droite, en même temps que la rêne droite agira par traction pour le ramener à droite, ce qui obligera le cheval à revenir dans la direction qu'il avait essayé de quitter. Cette pression de la rêne gauche et cette traction de la droite n'auront lieu que parce que le cheval aura déplacé sa tête et son encolure. C'est lui qui provoque, par son déplacement, ces actions qui n'ont lieu que parce que les mains sont restées à leur place. Ces actions cessent de se produire et redeviennent égales, lorsque le cheval est revenu dans la ligne qui lui est indiquée par la main.

Très-souvent le cavalier aide le cheval dans son désir de se dérober ; car, au lieu de conserver la main fixe, comme nous venons d'expliquer, quand le cheval se jette à gauche ou à droite, le corps du cavalier suit ce mouvement, et souvent il porte les mains du côté où le cheval s'échappe, et, par là, favorise son déplacement, au lieu de le combattre.

Lorsque les doublés et le passage des coins auront été exécutés aux deux mains, on fera doubler individuellement pour mettre pied à terre.

Cette deuxième partie de la première leçon doit être bien comprise des élèves, avant de passer à la deuxième leçon. En ne parcourant que des lignes droites, le corps du cavalier prend plus facilement une bonne position. On ne doit passer aux lignes circulaires, qui tendent toujours à déplacer le corps, que lorsque l'élève conservera sa position sur les lignes droites, et qu'il a déjà quelque idée de la conduite.

CHAPITRE II.

DEUXIÈME LEÇON.

PREMIÈRE PARTIE.

Marche circulaire au pas. — Changer de main dans le cercle. — Marche directe au trot. — Arrêter. — Repartir au petit trot. — Changer de main. — Marche directe au trot à main gauche. — Arrêter et repartir. — Changer de main. — Marche circulaire au pas aux deux mains. — Mettre pied à terre.

Avant de commencer le travail, l'instructeur doit, aussitôt que les élèves sont à cheval et avant de les mettre en mouvement, examiner les positions et rectifier celles qui sont défectueuses.

Cette inspection faite, il commande :

A vos rênes.

A ce commandement, les élèves ajustent leurs rênes, en mettant la main en rapport avec la bouche du cheval, ainsi que cela a été expliqué à la leçon précédente.

L'instructeur, après avoir fait marcher les élèves et les avoir placés en file, commande :

Préparez-vous à marcher en cercle à main droite.

Avant de faire exécuter ce travail, on expliquera l'action des aides dans la marche circulaire. Elle sera facile à comprendre, si on s'est bien pénétré des principes enseignés dans la leçon précédente, relativement à la marche directe, aux doublés et au passage des coins.

Ainsi qu'il a été dit, l'avant-main suit toujours la direction que lui donnent les aides des mains, selon qu'on fait primer la rêne droite ou la rêne gauche ; de même que l'arrière-main se maintient ou dévie, en raison de l'égalité ou de l'inégalité des jambes.

L'élève ayant donc également augmenté la pression des jambes et assuré les poignets pour établir un rapport intime avec la bouche du cheval, portera les deux mains dans la direction du cercle qu'il veut décrire. Ce déplacement continu et léger des mains maintiendra l'avant-main sur la ligne circulaire et l'empêchera de dévier de cette ligne, ainsi que dans la marche directe ; car si le cheval se portait trop en dedans du cercle, en amenant l'avant-main en dedans, les mains restant à leur place, la rêne droite, qui agissait par une légère traction, déterminerait une pression sur la face interne de l'encolure, ce qui obligerait le cheval à replacer son avant-main sur la ligne circulaire.

Les deux jambes, tout en provoquant, par une action égale, le mouvement en avant, maintiendront l'arrière-main qui, si elle cherchait à dévier, recevrait naturellement un appui plus fort de la jambe sur laquelle elle se porterait ; la résistance de la jambe serait alors en raison du déplacement de l'arrière-main.

En thèse générale, dans les tournés et les mouvements circulaires, la jambe du dehors devra toujours se faire sentir un peu plus en arrière que la jambe du dedans. Il ne faut pas oublier que son action n'a pas seulement pour but d'empêcher les hanches de s'échapper, mais encore d'alléger le côté sur lequel on tourne ; par conséquent, l'action de la jambe du dehors produit plus d'effet par sa position en arrière que la pression.

Quand plusieurs tours auront été faits à main droite, que ce nouveau travail commencera à être compris et bien exécuté, l'instructeur commandera :

Préparez-vous à changer de main.

Changez de main.

Après avoir marqué le demi-temps d'arrêt, comme on l'a pratiqué précédemment, afin de prévenir le cheval et le préparer au changement de direction, le conducteur de la reprise portera les deux mains à droite, afin de couper le cercle en deux par une ligne droite que le cheval parcourra s'il reste maintenu par l'action égale des rênes, et celle des jambes qui régularisera les mouvements de l'arrière-main. Une fois arrivé sur la piste du cercle, le cheval sera dirigé dans la ligne circulaire à gauche ; il y sera maintenu d'après les principes indiqués pour marcher à droite.

Nota.—L'instructeur doit veiller à ce que chaque

élève exécute le mouvement comme le chef de reprise. Il doit faire souvent changer de main : ce travail, nécessitant de la part du cavalier une plus grande attention pour maintenir le cheval sur la ligne circulaire, l'habituera ainsi à varier et modifier les actions des aides.

L'instructeur doit aussi veiller à ce que la position des cavaliers soit en harmonie avec la position et le mouvement des chevaux. Ainsi, par exemple, le cheval suivant la ligne circulaire à droite, et se trouvant, par conséquent, un peu plié et plus tourné à droite qu'à gauche, le cavalier évitera de laisser tomber son assiette à gauche et de reculer l'épaule du dehors, en cédant à la tendance naturelle du mouvement circulaire qui le porte en dehors du cercle. Pour lui faire prendre cette position indispensable pour assurer la solidité, on exigera qu'il soit toujours en rapport avec la bouche du cheval et qu'il place ses mains comme il convient de les avoir pour déterminer la marche circulaire.

L'instructeur, voulant faire cesser le travail en cercle, commandera :

Marchez large.

A ce commandement, le conducteur de reprise diminuera l'effet des rênes indiqué pour le mouvement circulaire, et replacera les mains dans la direction de la ligne droite qu'il voudra parcourir. Les jambes agiront également pour entretenir le mouvement et faire donner le cheval dans la main.

Une fois qu'à l'allure du pas on aura fait comprendre aux cavaliers tous les moyens qui tendent à diriger le cheval, soit pour suivre la marche directe ou la marche circulaire, on se préparera à faire marcher au trot, en commençant par la marche directe.

OBSERVATIONS PRÉLIMINAIRES

SUR LES MOYENS A EMPLOYER POUR PRÉPARER LE CHEVAL A LA MARCHE DIRECTE AU TROT.

Nous avons vu que tous les changements de direction doivent être précédés d'un soutien pour disposer le cheval à rassembler, à accorder ses mouvements et le préparer ainsi à mieux exécuter le changement de direction. De même, quand on veut changer d'allure, soit que l'on veuille passer d'une allure lente à une allure rapide, ou d'un mouvement précipité à un mouvement ralenti, le cheval doit en être prévenu par une action combinée des aides. Dans ce cas, ce maintien de la main a pour but, non-seulement de prévenir le cheval qu'un changement va s'opérer, mais il sert aussi à régulariser le mouvement de l'allure que l'on quitte, et contribue, par avance, à régulariser le mouvement de celle que l'on veut prendre. Ainsi, lorsque l'instructeur commandera de se préparer à marcher au trot, quoique le cheval, pour prendre cette allure, ait besoin de porter une plus grande partie de sa masse en avant, au commandement :

Préparez-vous à marcher au trot,

Les élèves, tout en augmentant la pression des jambes, commenceront par former un soutien plus fort, afin de donner plus d'ensemble à l'allure du pas. Une fois cet effet produit, ils baisseront les poignets et diminueront par degré le contact, qui ne doit pas toutefois cesser d'exister, entre les mains du cavalier et la bouche du cheval, de façon à permettre à la tête de s'éloigner et à l'encolure de s'allonger, ce qui dispose la masse à se porter légèrement sur l'avant-main.

En diminuant le contact des mains, il faut qu'elles soient néanmoins assez maintenues pour tenir le cheval parfaitement droit. Le trot étant une allure exécutée par des battues égales, il est essentiel de maintenir le cheval bien droit des épaules et des hanches.

L'avant-main ainsi préparée, l'instructeur commandera :

Marchez au trot.

Les deux jambes augmenteront également leur pression, afin de pousser le cheval en avant, tout en diminuant l'effet des rênes, et il prendra le trot.

L'action graduée des jambes doit augmenter jusqu'à ce que le mouvement du trot soit bien déterminé ; alors les mains, qui, dans le commencement, n'ont prêté qu'un soutien très-léger à la bouche du cheval, sentiront ce soutien s'augmenter à mesure que l'allure du trot se développera ; le cheval s'y livrera avec d'autant plus de franchise que les mains se fixeront pour régler la direction et maintenir ce mouvement progressif.

L'instructeur, lorsqu'il fera prendre le trot pour la première fois, devra avoir soin de déterminer cette allure par une action douce et continue des jambes, afin de provoquer un mouvement qui soit facile à maintenir avec les mains.

Après avoir marché quelque temps au trot, l'instructeur commandera :

Préparez-vous à marcher au pas.

Au pas.

A ce commandement, les cavaliers diminueront la pression des jambes, augmenteront la base de leur assiette en portant les poignets en arrière.

Une fois le cheval au pas, on commandera :

Préparez-vous à arrêter.

Arrétez.

L'action précédente se continuera jusqu'à ce que le cheval soit en place.

Généralement, le rapport des mains avec la bouche du cheval doit devenir presque insensible et même cesser totalement, du moment où l'on n'a plus rien à lui demander ; de même qu'il doit varier à l'infini, agir par soutien, par résistance, cesser totalement pour être repris avec plus de force, en raison de la vitesse qu'on veut obtenir.

Ainsi, par exemple, lorsqu'on a provoqué le mouvement progressif, le cheval, comme nous l'avons dit, en portant sa masse en avant, vient chercher le soutien que les mains lui présentent pour le guider et le maintenir; mais si ce mouvement est plus accéléré que celui qu'on a voulu provoquer, le cheval viendra nécessairement prendre sur la main un appui d'autant plus marqué que la vitesse sera plus grande. Or, si, en cette circonstance, les mains ne font que favoriser l'appui que le cheval vient prendre, elles serviront à accélérer le mouvement au lieu de l'arrêter. Pour éviter cet effet, on doit, par un arrêt prononcé d'avant en arrière, et non pas par un soutien continu de la main, reporter sur l'arrière-main l'excédant du poids de l'avant-main qui accélérait trop le mouvement, et, une fois cet arrêt déterminé, les mains cesseront momentanément leur contact avec la bouche, afin de refuser ce point d'appui continu que le cheval recherche, dans ce cas, pour seconder sa vitesse.

Généralement, les irrégularités de mouvements progressifs doivent être combattues par des oppositions : ainsi, par exemple, sachant que ce qui assure la franchise et la vitesse du mouvement dépend de l'appui que le cheval vient prendre sur la main, dans le cas où il abuserait de cet appui et prendrait une vitesse trop grande, il faudrait, ou lui refuser cet appui, ou le rendre incertain.

Si, au contraire, le cheval manque de franchise,

on devra chercher, par l'action des jambes, à le pousser sur la main, afin d'établir ce soutien d'où naissent la régularité et le développement des allures.
Dans ce but, la main restera toujours fixe et ferme.

Ce ne sera qu'avec le temps et lorsque les élèves
auront une bonne tenue, qu'ils sauront faire un
juste emploi de leurs aides et distinguer la différence qui existe entre le soutien qu'on doit offrir
au cheval pour assurer sa franchise et la vitesse des
allures, et la résistance de la main qui sert, au
contraire, à arrêter ou ralentir le mouvement. Dans
le commencement, ces deux effets se confondent et
semblent avoir la même valeur. Il n'y a qu'un travail pratique bien dirigé qui puisse amener les
élèves à juger ces différences. Des départs et des
arrêts fréquents, des allures tantôt allongées,
tantôt ralenties, les mettront à même de juger ces
divers moyens d'action.

Lorsque l'instructeur aura commandé de marcher
au trot et qu'il aura indiqué les moyens de provoquer ce mouvement, s'il s'aperçoit que l'allure est
trop allongée, il recommandera d'augmenter l'effet
des rênes, ce qui s'exécute comme nous l'avons déjà
dit. Aussitôt que cet arrêt aura produit l'effet désiré, on diminuera la tension des rênes, ce qui
s'exécute en relâchant les bras et reportant les
mains en avant. Après ce léger abandon, les mains
doivent reprendre leur fixité, afin de rétablir leur
rapport avec la bouche du cheval, pour régulariser
l'allure et indiquer la direction que le cheval doit

suivre. Ces arrêts, suivis d'un abandon léger, doivent se répéter autant de fois que le cheval cherche,
en précipitant son mouvement, à augmenter la vitesse que l'on veut obtenir.

L'instructeur doit veiller à ce que les bras se re-
lâchent et que les poignets ne se raidissent pas,
lorsqu'après l'arrêt l'élève aura replacé les mains.
La raideur employée dans ce cas pourrait engager
le cheval à se reporter avec trop de force sur la
main.

Lorsque la tenue commencera à être assurée au
petit trot sur les lignes droites, et que les arrêts,
les départs et le maintien du cheval dans une allure
égale, seront bien compris, l'instructeur fera doubler. Au commandement:

Préparez-vous à doubler,

Les élèves, comme dans le travail au pas, assureront les poignets, devront bien s'asseoir, et rassembleront leurs chevaux ainsi qu'il est indiqué.

Au commandement *Doublez,* les deux mains se
déplaceront, comme dans le travail au pas, pour
engager le cheval dans la nouvelle direction ; les
jambes agiront toujours également pour entretenir
le mouvement.

Si ce mouvement était trop précipité, les jambes
devraient se relâcher: leur effet devant varier en
raison de la sensibilité du cheval.

Après avoir fait doubler plusieurs fois, on fera
exécuter les changements de mains, ainsi qu'il a été
prescrit pour le travail au pas.

Les arrêts et les départs au trot ayant été exécutés à main gauche, on fera changer de main pour se remettre à droite.

On marchera au pas sur les cercles, après quoi on fera prendre le large.

A la fin de cette leçon, on commencera à apprendre aux élèves à régler, ralentir et allonger l'allure du pas et celle du trot.

Le cheval étant au pas lorsqu'on commandera : *Ralentissez le pas*, les cavaliers, en augmentant la pression des jambes, assureront les poignets, afin de rassembler, de grandir les mouvements du cheval, qui, dépensant ses mouvements en hauteur, en diminue tout naturellement l'étendue.

Lorsque l'on commandera :

Allongez le pas,

Les jambes continueront leur action, et les poignets se relâcheront, afin de laisser à l'avant-main une liberté qui lui permet d'étendre son déplacement.

Pour ralentir ou augmenter le trot, on emploie les mêmes moyens, on augmente seulement leur valeur.

Ce sont de très-bons exercices que ceux qui apprennent à diminuer et à augmenter les allures; ils aident à lier le cavalier au cheval, et commencent à lui donner une idée de l'accord des aides. Afin d'intéresser les élèves dans cette leçon, on fera doubler par quatre dans la longueur du manége.

Une fois le doublé exécuté, on fera lutter entre

eux les cavaliers formant les rangs de quatre pour
savoir celui qui arrivera le dernier ou le premier
sur la piste opposée, selon que l'on commandera de
ralentir ou d'allonger l'allure.

DEUXIÈME PARTIE.

Lorsque la tenue commencera à s'assurer au petit trot sur le large, l'instructeur commandera :

Préparez-vous à marcher au petit trot en cercle.

À ce commandement préparatoire, les jambes augmenteront leur pression et les poignets s'assureront pour maintenir le cheval et le préparer, comme au pas, dans le changement de direction expliqué précédemment.

Au commandement :

Marchez en cercle,

Les aides augmenteront leur action pour servir d'avertissement au cheval, les mains se placeront dans la direction du cercle que l'on veut décrire, elles se maintiendront en raison du développement de l'allure.

Ce travail exécuté aux deux mains, on reprendra le large sans changer l'allure, et on cherchera à entrer exactement dans les coins, d'après les mêmes principes que pour le pas, avec cette différence que les effets seront un peu plus sentis, puisque le cheval est plus porté sur la main.

Du trot allongé.

On se disposera ensuite à faire allonger l'allure.

Au commandement :

Préparez-vous à allonger le trot, les élèves relâcheront les bras, afin de permettre à la tête de se diriger un peu en avant et à l'encolure de s'éloigner, ce qui portera un plus grand poids sur l'avant-main.

Au commandement :

Allongez le trot, les jambes agiront également, graduellement et avec énergie, afin de provoquer sans à-coup l'accélération de l'allure. Le mouvement étant déterminé, les mains se fixeront pour recevoir le soutien que le cheval viendra prendre et qui doit assurer et régler son développement.

Si le cheval était d'une nature froide et qu'il ne répondît pas à l'action des jambes, on les serrerait jusqu'aux talons pour réveiller son apathie et l'exciter à se porter en avant.

En se servant ainsi des jambes, il faut que les cuisses et les genoux soient bien fixés à la selle; ainsi, après avoir laissé tomber les jambes par leur propre poids, on les rapprochera énergiquement en pliant les jarrets, afin que les talons atteignent le corps du cheval derrière les sangles.

Si, au contraire, le cheval répondait aux jambes

avec crainte et précipitait son allure, on les relâcherait, et les mains s'assureraient pour régler la vitesse. Enfin, si le cheval abusait du soutien que les mains lui offrent et prenait sur elles un appui trop fort, ce qui amènerait une trop grande accélération de l'allure, les mains formeraient alors des temps d'arrêt, pour relever l'encolure et la tête, et rejeter du poids sur l'arrière-main.

Ces temps d'arrêt doivent se répéter et être suivis d'un abandon momentané de la main, tant que le cheval cherche à prendre sur elle un trop grand point d'appui.

Quand, par suite de ces actions, la vitesse que l'on a voulu obtenir sera régularisée, les mains resteront fixes, moelleuses, et ne conserveront avec la bouche qu'un rapport léger, qui servira à indiquer la direction.

Ainsi, nous voyons que, du moment où le soutien qui doit déterminer une vitesse donnée sera trop fort, les mains, comme nous venons de le dire, doivent, avec l'aide du corps qui recule, chercher à rejeter le poids de l'avant-main sur l'arrière-main.

Si, au contraire, le cheval, au lieu de rechercher ce soutien qui aide sa vitesse, refusait de le prendre ou ne le prenait qu'avec incertitude, les jambes devraient agir avec puissance, pour le porter en avant, et l'engager à prendre sur les mains le soutien que l'on désire lui donner.

Les mains, pour aider cet effet, doivent rester

fixes et attendre que le cheval, pressé par les jambes, soit forcé de se mettre en rapport avec elles.

On ne doit demander le grand trot que lorsque la tenue a été assurée dans le travail précédent, et que les élèves commencent à savoir se servir de leurs aides ; car si, pour résister aux secousses du trot, ils s'attachaient à la main ou serraient les jambes outre mesure, ils provoqueraient, dans les actions du cheval, un désordre qu'ils ne sauraient pas réprimer.

Au trot allongé, on ne doit pas exiger l'entrée dans les coins, le cheval n'étant pas, à cette allure, dans les conditions voulues pour satisfaire à cette exigence.

L'instructeur doit faire marcher souvent au grand trot, parce que cette allure contribue à assurer l'assiette et la tenue des cavaliers. En faisant aussi exécuter des doublés, des changements de main, on les habituera à supporter toutes les inégalités des mouvements qui naissent des changements de direction et d'allure.

On finira par faire prendre le grand trot sur les cercles, d'après les principes déjà indiqués. Ce travail du trot allongé sur le large et sur le cercle, habitue les élèves à se servir de leurs aides dans des mouvements qui tendent à gêner leur action.

Ces exercices terminés, on marchera au pas, sur le large, pour demander le travail de la demi-hanche. Dans ce travail, les épaules sont tournées du côté du dehors.

On commandera :

Préparez-vous à tenir une demi-hanche, la tête au mur.

Les élèves assureront les poignets pour relever et maintenir l'avant-main ; les jambes se fermeront en même temps, pour que cette action n'arrête pas le cheval, et agiront avec assez de force pour provoquer et entretenir le mouvement en avant. Pressées d'un côté et maintenues de l'autre, l'arrière-main et l'avant-main se rapprocheront et rassembleront ainsi les mouvements du cheval. Ces mouvements, qui seront moins vites, mais plus relevés, gagneront toujours en hauteur ce qu'ils perdront en étendue.

Le cheval, ainsi maintenu et renfermé, sera plus en mesure de répondre et de céder à l'impression des aides quand elles devront agir sur l'avant et l'arrière-main.

Au commandement :

Demi-hanche, la tête au mur,

Les cavaliers, sans diminuer l'effet des mains, les dirigeront à gauche, afin que la traction de la rêne gauche, le soutien et la pression de la rêne droite sur la face droite de l'encolure, dirigent l'avant-main du cheval à gauche en dégageant l'épaule droite du poids de la masse.

Les poignets seront soutenus, de manière à restreindre le mouvement en avant, et à ralentir le développement de l'épaule de dehors, qui sera dépassée par l'épaule du dedans.

Pour compléter le déplacement de l'arrière-main

et pour le rendre plus prompt, on augmentera la pression de la jambe gauche, qui, tout en faisant dévier l'arrière-main à droite, favorisera le mouvement de l'épaule droite ; les mains se reporteront ensuite insensiblement à droite, et combineront leur action de manière à conserver la direction donnée ; les jambes devront agir aussi pour entretenir le mouvement et maintenir le cheval sur la piste. Le travail de la demi-hanche doit toujours être exécuté dans le mouvement en avant, c'est pourquoi il ne faut pas que les cavaliers portent les mains assez à gauche pour placer le cheval en face du mur ; dans ce but, on évitera de faire trop agir la jambe gauche.

Nota. — Si la jambe gauche avait trop agi en faisant tomber les hanches à droite, la jambe droite se fermerait pour rectifier la direction de l'arrière-main. Il en serait de même des mains : si les épaules tombaient trop à gauche, elles agiraient pour les redresser.

Après avoir fait exécuter ce travail à main droite, l'instructeur fera marcher large, exécuter un changement de main, et fera répéter le travail à main gauche (moyens inverses).

Le travail de la demi-hanche donnera aux élèves une idée de l'accord des mains et des jambes, et les amènera à l'exécution du départ au galop à main droite ou à main gauche.

Ainsi, quand ce travail sera bien compris, l'instructeur se disposera à faire marcher au galop.

Départ au galop.

On sait qu'au galop un bipède latéral devance l'autre et se maintient ainsi en avant pendant toute la durée du galop. C'est pourquoi il faut, dans le galop à droite, que le bipède latéral droit soit plus avancé que le gauche, ce qui contribue à mettre le cheval un peu de travers. Les aides doivent donc agir de façon à favoriser cette disposition que le cheval prendrait si, livré à lui-même, il voulait partir au galop.

Préparez-vous à faire partir au galop à droite.

Les cavaliers porteront les deux mains à gauche et augmenteront la pression des deux jambes, en faisant primer l'action de la gauche, qui engagera la jambe gauche de derrière sous la masse.

Le cheval ainsi préparé, l'instructeur commandera :

Au galop.

La jambe gauche du cavalier augmentera son action ainsi que la droite, afin de provoquer le mouvement du cheval en avant; mais la jambe gauche devra primer sur la droite pour pousser légèrement l'arrière-main à droite; les mains s'assureront pour faciliter le mouvement des extrémités antérieures, mais en agissant de manière à faire dévier légèrement l'avant-main à gauche, afin de restreindre le développement de l'épaule gauche et de favoriser celui de la droite.

Au commandement *Préparez-vous à marcher au trot*, les jambes diminueront et égaliseront leur action, les mains marqueront un arrêt pour ralentir l'allure. Au commandement *Marchez au trot*, on portera les deux poignets un peu à droite afin de placer les épaules vis-à-vis des hanches. L'arrêt se continuera jusqu'à ce que le galop soit interrompu. Les mains se relâcheront légèrement pour permettre le développement de la nouvelle allure. Les rênes doivent avoir alors une action égale, afin de maintenir les épaules sur la même ligne ; car si l'une devançait l'autre, le cheval pourrait reprendre le galop.

Nota. — Le galop, comme le pas et le trot, est une allure susceptible de s'allonger ou de se raccourcir. Ainsi, toutes les allures, quand elles s'allongent, portent sur l'avant-main une plus grande partie de la masse, comme, lorsqu'elles se raccourcissent, elles font refluer cette masse sur l'arrière-main.

Ce n'est donc pas la vitesse ou le ralentissement qui fait l'allure, mais c'est l'ordre dans lequel les battues s'exécutent.

Nous avons fait cette observation pour bien faire comprendre que le galop peut se produire autrement que par le secours des aides qui ralentissent le cheval et facilitent le reflux de l'avant-main sur l'arrière-main ; il peut encore naître de la précipitation ou du désordre d'une autre allure. Ne citons ici qu'un exemple : supposons le cheval poussé au grand trot, au point que le mouvement alternatif des bipèdes diagonaux s'interrompe, et que l'un des deux entame le terrain plus que l autre, dès ce moment, le cheval sera au galop, et cependant cette allure n'aura pas été déterminée avec le secours des mains ; elle se sera produite, au contraire, par l'effet de l'abandon des mains, qui, ne maintenant plus la régularité des battues du trot allongé, auront laissé développer un côté plus que l'autre : ce qui aura amené le galop.

Il est bon que le cavalier sache de bonne heure les manières différentes dont le galop peut se produire et se demander. C'est pourquoi, après l'avoir obtenu, ainsi que nous l'avons expliqué tout à l'heure, l'instructeur demandera le galop à droite ou à gauche, sans que les mains agissent pour l'*enveler* des parties antérieures.

Ainsi, le cheval marchant à main droite, l'instructeur commandera :

Préparez-vous à prendre le galop en précipitant l'allure du trot.

Les chevaux seront alors mis au trot, et, à mesure que les jambes agiront pour augmenter le mouvement, les bras se relâcheront, les mains se baisseront pour refuser tout soutien à l'avant-main. Le cheval ainsi poussé, prendra le galop, dès qu'il ne pourra plus fournir également les battues du trot, ce qui arrivera infailliblement dans les tournants. Une fois le galop produit, les mains se replaceront pour maintenir et diriger le cheval.

Cette manière de prendre le galop trouvera plus tard son utile application dans le dressage des jeunes chevaux.

NOTA. — Dans l'intérêt de la régularité de l'allure, il est préférable, sans doute, de faciliter le lever des extrémités antérieures ; mais, pour que la main agisse dans ce cas avec efficacité, il aut toujours, par avance, prédisposer le cheval par l'action des jambes, à recevoir cette action de la main. Ainsi on doit, avant de demander le galop, et avant de faire agir la main, être bien assuré que le cheval est assez engagé dans le mouvement en avant pour qu'il puisse répondre aux moyens qu'on veut employer. S'il n'en était pas ainsi, les mains, au lieu d'aider le départ au galop, l'empêcheraient de se produire, et pourraient ralentir ou arrêter le mouvement.

Il faut commencer par décider le mouvement en avant, sauf, ensuite, à maintenir et à régulariser le développement que les jambes ont provoqué. C'est pourquoi il est bon de faire marcher au petit trot, avant de demander le départ du galop, parce qu'alors les mains pourront agir avec plus de force, plus de certitude, pour placer le cheval, et ne courront pas risque d'arrêter le mouvement.

Le travail du galop, en bridon, doit être de
courte durée, l'appui que le cheval peut prendre
sur le bridon, à la longue, pouvant obliger les
élèves à employer une force qui leur donnerait de
la raideur.

Il faut demander des départs successifs et des
arrêts fréquents. A mesure que les élèves se fami-
liariseront à cette allure, l'instructeur devra veiller à ce que les chevaux soient maintenus le plus
droit possible, ce qui s'obtiendra en égalisant l'action des mains et des jambes, tout en étant prêt à
faire primer les aides qui doivent maintenir le cheval à la main à laquelle il marche, si toutefois il
cherchait à changer d'allure ou de pied.

Dans le travail en bridon, la durée du galop ne
doit pas excéder un tour de manége. L'instructeur
fera fréquemment changer de main, afin d'habituer les élèves à mettre le cheval alternativement
à droite et à gauche, et à apprécier la sensation
différente que leur assiette reçoit dans ces changements d'allure.

Moyen de sentir sur quel pied le cheval galope.

Supposons que le cheval galope à droite: au
moment où la première foulée est exécutée par la
jambe gauche de derrière, le cavalier en recevra
l'impression sur la fesse gauche; il sentira encore
un bercement de droite à gauche, qui tendra à
faire avancer le côté droit du corps et la cuisse
droite. A mesure que l'assiette se consolide, le cava-

lier doit arriver à sentir le mouvement préparatoire de l'exécution du galop.

Du mouvement rétrograde.

Le travail du galop terminé, après avoir marché en cercle au pas, on fera marcher large et exécuter un *doublé* individuel pour arrêter sur la ligne du milieu du manége. Une fois arrêté, l'instructeur commandera :

Préparez-vous à reculer.

A ce commandement, les mains s'élèveront par degrés, afin de se mettre en rapport avec la bouche du cheval ; les jambes augmenteront leur pression pour rassembler le cheval et le préparer au mouvement rétrograde.

Au commandement : *Reculez*, les élèves assureront leur position, les jambes resteront près et sans raideur, les mains marqueront une résistance égale sur la bouche, afin qu'en faisant reculer la tête et l'encolure, ils fassent refluer le poids de l'avant-main sur l'arrière-main, ce qui déterminera le cheval au mouvement rétrograde.

Si le cheval refusait de céder à la résistance égale des deux rênes, le cavalier sciera alors du bridon, c'est-à-dire qu'au lieu de tirer en même temps sur les deux rênes, il tirera alternativement sur l'une et sur l'autre, jusqu'à ce qu'il recule. Du moment où le cheval rétrograde, les mains doivent cesser d'agir ; elles reprendront leur action aussitôt qu'il discontinuera de reculer.

Il y a souvent danger à précipiter la marche rétrograde; c'est pourquoi il faut habituer les cavaliers à ne l'exiger que par degré et sans précipitation.

Si, cédant à l'action des mains, le cheval reculait plus qu'on ne le désire, les mains cesseraient d'agir, et les jambes augmenteraient leur action pour porter le cheval en avant et le mettre d'aplomb.

L'instructeur fera alternativement reculer et avancer. Ce travail commencera à donner une idée des déplacements de la masse, des renvois du poids de l'avant-main sur l'arrière-main et de l'arrière-main sur l'avant-main, et, par conséquent, des moyens qui servent à régulariser les allures et à soumettre le cheval à l'obéissance.

Nota. — Le travail de ces deux premières leçons doit être fait sur des chevaux sages, ayant les allures franches, et, autant que possible, en rapport avec la taille des élèves.

Il doit être interrompu par d'assez fréquents repos, pour ne pas fatiguer les cavaliers.

À la fin de cette leçon, on commencera à monter le sauteur dans les piliers.

On fera prendre les étriers et commencer la deuxième partie de la deuxième leçon.

On conservera les étriers pendant la première partie de la troisième leçon.

On prendra les éperons quand cette leçon sera
bien comprise ; la seconde partie de la troisième
leçon se fera sans étriers, avec les éperons.

Enfin, à la quatrième leçon, on prendra les
étriers; cependant, de temps à autre, on les fera
retirer, surtout en selle anglaise, aux exercices de
la carrière.

Manière d'ajuster, de chausser et de conserver les étriers.

Les étriers seront à leur point lorsque, le cavalier étant bien assis, les cuisses et les jambes placées, la grille de l'étrier, avant qu'il soit chaussé,
se trouvera à la hauteur des talons du cavalier.

On chausse le pied jusqu'au tiers de l'étrier; le
talon se trouve alors plus bas que la pointe du
pied.

L'étrier ne doit porter que le poids de la jambe.

Pour conserver les étriers, le jeu de l'articulation du pied avec la jambe doit être parfaitement
libre.

CHAPITRE IV.

TROISIÈME LEÇON.

PREMIÈRE PARTIE.

Le cheval en bride. — Monter à cheval et descendre de cheval avec la bride. — Position de la main de la bride. — Action de la main de la bride. — Marche directe au pas. — Arrêter. — Remettre le cheval en mouvement. — Tourner à droite et à gauche par des doublés individuels. — Faire tourner par'la rêne du dedans et par celle du dehors, par l'action simultanée des deux rênes. — Marche à droite sur la piste au pas. — Doublé dans la longueur du manége. — Entrer dans les coins. — Changement de main. — Marche circulaire au pas. — Marche directe au trot. — Entrer dans les coins au trot. — Augmenter et diminuer l'allure du trot. — Marche au pas. — Diminuer et arrêter cette allure.

OBSERVATIONS PRÉLIMINAIRES.

Le cheval mis en bride, étant maintenu par un frein qui a une action plus puissante, en ressent les effets plus énergiques. On ne doit mettre les chevaux en bride que lorsque la position est assez assurée et que les cavaliers ont pris assez de confiance pour n'avoir plus besoin de seconder leur tenue par l'appui qu'ils pourraient prendre sur la bouche du cheval.

Si le bridon, comme nous venons de le voir, peut être nécessaire dans le commencement, on ne doit pas pourtant abuser de son emploi, dans la crainte d'habituer les mains à agir avec trop de dureté.

Une bonne tenue ne se complète que par l'emploi du cheval en bride. C'est une nouvelle épreuve qu'elle a à subir; parce que les actions inégales, dures ou saccadées de la main de la bride compromettent bien plus la position que les effets résultant de l'emploi du bridon.

Deux ou trois mois suffisent pour le travail en bridon; pour qu'il puisse se faire avec fruit, il faut qu'il soit pratiqué dans un manége et sur des chevaux d'une nature très-froide.

Le commencement de la troisième leçon ne doit être que la répétition des deux précédentes; la différence existe dans la substitution de la bride au bridon. L'élève, en recommençant le travail qu'il a déjà fait, pourra plus facilement étudier les divers effets du mors et se rendre compte des résultats qu'ils produisent.

Dans cette leçon, le travail de la main de la bride doit être exécuté sans le secours du filet; il faut habituer l'élève à agir librement, et ne pas lui prêter le moyen de prendre sur la bouche des points d'appui qui viendraient infailliblement gêner ou détruire les effets du mors.

Monter à cheval.

Mêmes principes qu'à la première leçon.

Position des rênes dans la main gauche.

Le petit doigt séparant les rênes, en plaçant la rêne gauche en dessous, les rênes sortant entre le pouce et l'index et maintenues sur la seconde jointure de ce doigt par le pouce, qui, en s'appuyant dessus, contribue à les maintenir dans la main gauche dont les doigts doivent être fermés.

La main, à la hauteur de l'avant-bras, les ongles en face du corps, le petit doigt un peu plus rapproché du corps que le haut du poignet, plus ou moins élevée, en raison de la position de la tête et de l'encolure.

La main droite un peu au-dessous et à 5 ou 8 centimètres de la main gauche, afin de ne pas en gêner les mouvements. La cravache dans cette main, maintenue sur la seconde jointure de l'index par le pouce qui doit s'allonger dessus, le petit bout en l'air s'inclinant de droite à gauche et en avant, de façon à être vis-à-vis de l'œil gauche du cavalier.

Ajuster les rênes, la bride étant dans la main gauche.

Saisir les rênes au-dessus de la main gauche avec le pouce et le premier doigt de la main droite, l'élever en la faisant glisser sur les rênes, jusqu'à ce qu'elle rencontre le bouton.

Entr'ouvrir les doigts de la main gauche, le pouce élevé pour égaliser les rênes. Une fois ajustées, fermer les doigts de la main gauche; la main droite abandonne alors le bout des rênes, et vient se placer à côté de la main gauche.

Prendre les rênes dans la main droite.

Saisir les rênes de la main droite à pleine main, au-dessus et le plus près possible de la main gauche, de manière que les deux pouces se touchent et que l'extrémité des rênes sorte de la main droite du côté du petit doigt. La cravache toujours dans la main droite, la main gauche sur la même ligne et un peu au-dessous et à 5 ou 8 centimètres de la main droite.

Ajuster les rênes, la bride étant dans la main droite.

Prendre les rênes dans la main gauche, les ajuster avec la main droite, reprendre ensuite les rênes dans la main droite.

Nota. — Toutes les fois que l'on veut changer les rênes de main, la main qui tient la bride doit rester fixe; celle qui est restée libre doit se déplacer pour aller chercher et prendre les rênes dans la main qui les tient. S'il en était autrement, le déplacement de la main qui tient les rênes, pour aller les porter dans la main qui veut les prendre, produirait nécessairement sur la bouche du cheval un effet qui changerait sa direction.

Que la bride soit dans la main gauche ou dans la main droite, les bras doivent être aisés, tombant naturellement le long du corps ; les en éloigner ou les en rapprocher donnerait de la raideur aux bras et gênerait leurs mouvements.

La main qui est libre doit rester à côté et un peu au-dessous de celle qui tient la bride, parce que cette position, égale des deux bras et des deux mains, contribue à régulariser la position du corps.

Le filet est une aide fort utile dans certains cas, mais ce n'est pas encore le moment d'en faire usage ; l'élève, n'étant pas en état de comprendre son emploi, ne s'en servirait que comme moyen de tenue et pourrait négliger le travail de la main de la bride qui est le plus essentiel à bien connaître.

Action de la main de la bride.

Nous savons que la bride, comme le bridon, sert à diriger, à maintenir, à arrêter, à faire reculer le cheval, ainsi qu'à indiquer la direction qu'on veut lui faire suivre. Quand le cheval est au repos, si l'on fait agir le mors par une action de devant en arrière, cette résistance imprime sur les barres une sensation qui fait reculer la tête et l'encolure, et provoque le reflux du poids de l'avant-main en arrière, ce qui produit la rupture de l'équilibre dans ce sens, et engage le cheval dans un mouvement rétrograde.

Quand, au contraire, par l'action des jambes, la

rupture de l'équilibre se produit en avant, alors le rôle de la main est de recevoir le déplacement de l'avant-main, pour indiquer, aussitôt que le mouvement en avant a lieu, la direction que doit suivre le cheval. Dans ce cas, c'est la bouche qui vient se mettre en rapport avec la main du cavalier, et alors c'est en raison du déplacement de la masse en avant, que ce rapport devient plus ou moins prononcé.

C'est au cavalier à juger jusqu'où doit aller le soutien que le cheval doit rechercher et recevoir de la part du mors; si l'appui est trop marqué, c'est une preuve qu'il y a un trop grand déplacement de la masse en avant : le cavalier doit combattre cette disposition par des arrêts qui rejettent le poids en arrière.

Ce résultat obtenu, la main reprend sa position et renouvelle ses arrêts autant de fois que la masse s'engage trop en avant, et jusqu'à ce que le cheval ait pris dans son allure un aplomb tel que le rapport entre la main et la bouche se maintienne fixe et léger.

Si, au contraire, le cheval ne se porte en avant qu'avec incertitude, les jambes agiront avec assez de puissance pour pousser le cheval en avant et forcer la bouche de se mettre en rapport avec la main. Dans ce dernier cas, la main doit éviter toute action d'avant en arrière; il faut qu'elle reste fixe et cependant très-moelleuse, afin que le cheval, s'il hésite ou bat à la main, rencontre toujours le même soutien léger et élastique, qui, n'offensant pas la bouche, finit par l'engager à se fixer sur le mors.

Ces explications données, l'instructeur commandera :

Préparez-vous à vous porter en avant.

A ce commandement, les cavaliers fermeront les deux jambes, pour envoyer le cheval sur la main, en plaçant leur main de manière à établir le rapport qui doit indiquer la direction que le cheval doit suivre, et qui doit régler son allure.

Après avoir marché quelque temps au pas, afin que les élèves puissent se rendre compte des explications ci-dessus;

On commandera :

Arrêtez.

A ce commandement, les cavaliers relâcheront les jambes et élèveront la main en la portant en arrière, afin de marquer sur la bouche une résistance qui, empêchant le développement en avant, arrêtera le cheval. Cette action de la main doit être graduée, afin d'amener le cheval au repos sans à-coup et sans surprise.

Une fois le cheval en place, la main se baissera et cessera son contact avec la bouche du cheval.

La cessation des effets des mains et des jambes tient le cheval au repos. Il ne se meut que lorsqu'il est sollicité au mouvement par l'une ou l'autre de ces aides.

Après un moment de repos, l'instructeur commandera de nouveau le mouvement en avant : les jambes et les mains agiront alors d'après les principes déjà indiqués.

Ces arrêts et ces départs se répéteront plusieurs fois et apprendront aux élèves à savoir varier les effets de leurs aides ; ils leur apprendront surtout à faire la différence entre l'action de la main, quand elle est employée comme soutien et indicateur de la direction, ou bien lorsqu'elle agit pour arrêter le mouvement.

Lorsque ce travail sera bien compris, les chevaux étant arrêtés, l'instructeur commandera :

Préparez-vous à reculer.

A ce commandement, le cavalier élèvera un peu la main de la bride pour assurer son rapport avec la bouche du cheval.

Au commandement :

Reculez,

La main continuera de s'élever et se portera en arrière.

Ce déplacement de la main doit être facilité par celui du haut du corps, qui doit se porter un peu en arrière quand la main agit, soit pour arrêter, reculer ou maintenir le cheval.

La main, en se portant en arrière, imprimera sur la bouche une résistance à laquelle le cheval sera forcé de céder en reculant ; cette résistance doit être graduée, afin qu'il n'y cède pas avec surprise et précipitation. Lorsqu'il aura reculé, la main devra se baisser pour modifier son action ;

elle recommencera à agir lorsque le cavalier sentira que le cheval se disposera à s'arrêter ou s'arrêtera.

Ce travail, qui ne doit pas être de longue durée, ayant été exécuté, l'instructeur fera faire des doublés individuels, qui serviront à compléter l'instruction des élèves sur les effets de la bride.

Ainsi, nous avons vu qu'avec la bride, le soutien égal que le cheval venait prendre sur la main indiquait la direction ; que l'action résistante de devant en arrière de ces mêmes rênes arrêtait le cheval et pouvait, en se continuant, provoquer le mouvement rétrograde. Nous allons voir maintenant que l'inégalité d'action des rênes de la bride produit les changements de direction. D'une part, la résistance qu'imprime le mors sur la barre gauche et l'appui de la rêne gauche sur l'encolure, tendant à diriger la tête et l'encolure à droite, font tourner le cheval de ce côté ; d'autre part, l'ouverture de la rêne droite de la bride agissant par traction, attire la tête à droite et détermine aussi le tourner à droite.

Mais, pour que les effets puissent se produire d'une façon exacte, il est essentiel que, par avance, le cheval soit assez appuyé sur la main pour que celle-ci en se déplaçant, n'imprime pas à la bouche une première sensation qui pourrait porter le cheval à un mouvement rétrograde.

Ainsi, quand l'instructeur commandera :

Préparez-vous à tourner à droite par la rêne du dehors,

A ce commandement, les élèves augmenteront la

pression des jambes, afin de pousser le cheval sur la main ; une fois le rapport établi, la main s'élèvera et s'assurera pour renfermer le cheval, afin de le préparer à mieux recevoir l'impression de la rêne qui doit changer la direction.

L'instructeur commandera ensuite :

Doublez.

La main, tout en conservant son rapport avec la bouche du cheval, se portera en avant et à droite ; elle indiquera la direction, guidera le cheval, et diminuera la résistance qui doit faciliter l'exécution du déplacement de l'avant-main ; car, si elle continuait son effet, elle pourrait trop restreindre le mouvement du cheval et le porter à s'arrêter ou à reculer.

Le travail des doublés, par l'effet de la rêne du dehors, ayant été exécuté aux deux mains, on le fera exécuter par l'ouverture de la rêne du dedans.

Ainsi, marchant à main droite, l'instructeur commandera :

Préparez-vous à tourner ou doubler à droite par la rêne du dedans.

A ce commandement préparatoire, les élèves, comme il a déjà été dit, augmenteront la pression des jambes et fixeront la main pour établir le contact de la bouche sur la main. Ils prendront ensuite la rêne droite avec le pouce et les deux premiers doigts de la main droite, le pouce et les ongles en dessous.

Au commandement :

Tournez ou doublez.

Les cavaliers baisseront la main gauche de 2 ou 3 centimètres, sans la sortir de la ligne de direction ; le bras droit s'ouvrira et se portera en avant afin d'écarter la rêne de l'encolure, et pour que la continuité de ce mouvement établisse sur la bouche un effet de traction qui attire la tête à droite et fasse opérer le tourner de ce côté. Le cheval une fois engagé dans la direction indiquée, on abandonnera la rêne droite, et la main gauche reprendra sa première position.

Ce travail exécuté aux deux mains, on demandera les doublés par l'action des deux rênes.

L'instructeur commandera :

Préparez-vous à tourner ou à doubler à droite par l'action des deux rênes.

Au commandement : *Doublez* ou *Tournez à droite*, la main gauche s'élèvera et s'avancera en se portant à droite, afin de diriger la tête et l'encolure de ce côté, et en même temps la main droite qui aura pris la rêne s'écartera à droite, afin d'opérer son effet de traction ; les jambes seconderont cet effet. Une fois le tourner opéré, on abandonnera la rêne droite, et la main qui tient la bride restera posée vers le point où l'on voudra diriger le cheval.

Ce travail doit s'exécuter aux deux mains ; on ne saurait le rendre trop familier, car il sert à donner une idée exacte des effets du mors et à ne pas prendre la bride comme moyen de tenue.

Il est essentiel de bien faire comprendre à l'élève les avantages d'une main fixe, qui, tout en étant en rapport constant avec la bouche du cheval pour lui communiquer ses effets, doit être dans l'état normal aussi légère que possible. On fera observer que si l'élève auquel on recommande d'avoir la main fixe, raidit le bras et serre les doigts pour assurer cette fixité, il présentera dans ce cas un appui trop dur auquel le cheval s'habituera, et la bouche prendra alors une dureté qui nuira à la conduite. Si, pour éviter ces inconvénients, on recommande à l'élève d'avoir la main légère, et qu'alors il exagère ce principe au point d'avoir les rênes flottantes, il en résultera une autre irrégularité dans la conduite, puisque rien ne maintiendra le cheval et ne le dirigera.

Cette fixité de la main et ce rapport continuel et léger avec la bouche du cheval ne s'acquièrent qu'avec le temps; les changements fréquents d'allure mettront les cavaliers dans le cas de rechercher le contact reconnu nécessaire pour diriger le cheval.

L'instructeur fera travailler alternativement sur les lignes droites et circulaires, et veillera à ce que les chevaux entrent dans les coins, comme il a été expliqué dans les deux premières leçons ; il fera augmenter et ralentir les allures du pas et du trot, toujours d'après les mêmes principes, en exigeant que la main conserve sa liberté d'action.

Nota. — Les secousses du trot allongé peuvent déranger la fixité de la main et produire des à-coup

qui provoquent chez le cheval des allures inégales
et l'engagent souvent à prendre sur la main des
appuis très-durs dont les cavaliers se servent comme
moyen de tenue. L'instructeur, dans ce cas, devra
rappeler que la véritable tenue s'établit par une
bonne assiette, et que par elle on arrive à laisser à
la main les moyens d'agir en toute liberté.

On ne saurait trop insister sur ce travail au trot;
il ne faut passer aux autres exercices que lorsque
la position est assurée et que la main agit avec aisance

On fera exécuter ensuite le travail au pas et la
marche rétrograde.

Quand l'instructeur commandera de *se préparer
au mouvement rétrograde*, les élèves élèveront la
main de la bride, afin d'augmenter la tension des
rênes et établir un rapport plus soutenu avec la
bouche du cheval. Ce maintien de la main aura pour
but de relever l'encolure et la tête du cheval, ce qui
le prédisposera à reculer, puisque ainsi on reportera
son poids sur l'arrière-main. Au commandement :
Reculez, le corps et la main se porteront par degré
en arrière jusqu'à ce que le mouvement rétrograde
soit déterminé. La main diminuera son action aussitôt que la marche rétrograde aura eu lieu, pour
recommencer son action résistante quand le mouvement sera près de se terminer.

On doit veiller à ce que les rênes soient égales et
que la main ne tombe ni à droite ni à gauche, afin

d'engager l'arrière-main dans une direction droite. Si le cheval dirigeait son arrière-main de travers, quoique la main agît régulièrement, le cavalier augmenterait alors la pression de la jambe du côté où l'arrière-main tomberait, afin de la redresser et de la placer dans la direction qu'il voudrait lui faire suivre.

Cette action de jambe doit avoir lieu au moment où la main commence à agir pour provoquer le mouvement rétrograde.

En règle générale, dans l'exécution du mouvement rétrograde, les jambes doivent rester tombantes et cesser toute action; elles ne doivent être employées que, par exception, dans le cas où le cheval viendrait à précipiter son mouvement, alors à mesure que l'on ferait agir les jambes, on diminuerait l'action de la main.

Nota. — Ainsi que nous le verrons plus tard, les jambes peuvent très-souvent favoriser le mouvement rétrograde; mais ce n'est pas encore l'instant de parler aux élèves de ces effets qui ne serviraient qu'à porter du trouble dans leurs idées. Il faut qu'ils sachent d'abord que l'action de la main d'avant en arrière provoque le mouvement rétrograde, et que la pression des jambes provoque le mouvement en avant.

DES CHEVAUX A EMPLOYER DANS LES DEUX PREMIÈRES LEÇONS ET LA PREMIÈRE PARTIE DE LA TROISIÈME.

Le travail des deux premières leçons et de la première partie de la troisième étant tout élémentaire, puisqu'il s'agit principalement d'assurer la position et la tenue, et de donner aux élèves les moyens les plus simples de la conduite, il est essentiel que les chevaux soient sages, peu impressionnables aux à-coup des mains et des jambes et au déplacement du corps. Il faut aussi qu'ils soient d'une taille en rapport avec celle des élèves, et plutôt trop élevée que trop petite. La taille a une importance beaucoup plus grande qu'on ne le pense généralement sur la tenue. L'homme habitué à monter des petits chevaux devient souvent fort emprunté sur un cheval d'une grande taille. Comme ceci n'est que l'effet de l'habitude, il est bon de la prendre tout d'abord, parce que le grand cheval, ayant généralement des allures plus dures, apprend mieux aux cavaliers à assurer leur position. Ils monteront ensuite avec beaucoup plus de fruit des chevaux légers et petits, qui sont généralement doux d'allures, ainsi que les chevaux de sang qui sont plus capables d'exécuter un travail serré, juste et précis.

DEUXIÈME PARTIE.

Marche directe au pas. — Marche directe au grand trot. — Marche
circulaire au petit trot. — Marche circulaire au grand trot. —
Marche directe au pas. — L'épaule en dehors ou demi-hanche
au pas. — Demi-hanche au petit trot pour préparer le départ
au galop. — Marcher au galop à main droite. — Marcher au
pas, changer de main. — Marcher au petit trot, l'épaule en
dehors, pour préparer le départ au galop. — Marcher au galop
à gauche. — Marcher au pas, placer l'épaule en dedans aux
deux mains. — Prendre les éperons. — Quitter les étriers.

Le commencement du travail de la deuxième
partie de la troisième leçon consiste à répéter sur
des chevaux plus fins, ce qui a été exécuté dans
les leçons précédentes.

Du moment où ce travail sera exécuté avec précision, l'instructeur demandera le travail de l'é-
paule en dehors ou de la demi-hanche. Ainsi, lorsque marchant à main droite, le long des pistes,
l'instructeur commandera : *Préparez-vous à prendre
une demi-hanche,* les élèves prendront les rênes dans
la main droite.

Au commandement : *Demi-hanche,* ils fermeront
les deux jambes et élèveront un peu la main de la
bride, afin de confirmer le rapport avec la bouche
du cheval ; ce rapport doit être un peu plus marqué

lorsqu'on se dispose à changer la direction de l'avant-main. La main de la bride se portera alors un peu à gauche pour engager l'avant-main du côté du mur, en même temps la main gauche prendra la rêne gauche, afin d'opérer, en l'écartant, un effet de traction qui attirera la tête et placera l'encolure à gauche. Les jambes continueront leur action, la jambe gauche agissant plus que la jambe droite, afin d'engager l'avant-main un peu à droite, ce qui contribuera à diriger l'avant-main à gauche. L'action plus prononcée de la jambe gauche, tout en servant à pousser l'arrière-main à droite, vient en même temps favoriser le développement de l'épaule droite, qui, dans ce moment, entame le terrain.

Ce travail a déjà été exécuté, le cheval étant en bridon ; avec la bride il a pour objet de donner une juste appréciation des divers effets du mors ; car les rênes, en raison de la manière dont on les fera agir, pourront produire des effets qui, en se coordonnant, auront une action plus immédiate, ou qui, en se contrebalançant, pourront se rectifier ou s'annihiler.

Ainsi, par exemple, si la rêne droite agit de façon à diriger l'avant-main à gauche, et qu'en même temps la rêne gauche, en s'ouvrant, attire la tête à gauche, celle-ci complète en quelque sorte ce que la rêne droite a voulu produire. Voici donc deux effets qui s'aident pour arriver au même but.

Si, au contraire, l'action de la rêne droite engage

trop l'avant-main à gauche, la main gauche, au lieu d'ouvrir la rêne comme dans le cas précédent, en se reportant à droite, agira par pression sur le côté gauche, le dirigera à droite, et rectifiera ainsi l'effet trop prononcé de la rêne droite. Dans ce cas, ce que la rêne gauche peut faire pour la rêne droite, la droite le fait aussi à l'égard de la gauche.

Ainsi, par exemple, si la traction de la rêne gauche se produit de façon à plier l'encolure, à tourner la tête à gauche, sans pour cela déplacer les épaules et les engager dans la direction demandée, la rêne droite, en agissant par pression sur le côté droit, vient en aide à la rêne gauche, et détermine l'effet que cette rêne n'avait pu seule obtenir.

Dans le travail de demi-hanche, les jambes doivent toujours agir pour entretenir le mouvement et imprimer à l'arrière-main des actions qui se coordonnent avec les demandes de la main. C'est le travail le plus simple pour commencer à donner aux élèves une idée de l'accord des mains et des jambes, et le moyen le plus naturel et le plus certain pour faire prendre l'allure du galop.

Quand on aura donc exécuté cet exercice au pas, on le fera répéter au petit trot. L'instructeur doit alterner ce travail avec la marche directe, afin d'habituer les élèves à varier leur manière d'agir. On fera partir au galop, en suivant les principes expliqués dans la deuxième partie de la deuxième leçon (*Départ au galop, le cheval en bridon*).

Le galop **ayant** été obtenu par **l'effet** de la main droite à gauche et par celui des jambes, en faisant primer la gauche, la main de la bride agira seule et se placera de façon à maintenir le cheval aussi droit que possible ; elle se fixera en même temps pour régulariser le mouvement de cette nouvelle allure.

Les départs au galop seront ainsi demandés jusqu'à ce que les élèves les exécutent avec précision.

L'instructeur fera ensuite exécuter le départ à droite, les rênes de la bride tenues dans la main gauche.

Au commandement : *Préparez-vous à marcher au galop à droite*, la main de la bride se portera un peu à gauche, afin que l'effet du canon droit sur la barre droite et l'appui de la rêne droite sur l'encolure, portent la tête et l'encolure à gauche et développent le mouvement de l'épaule droite. L'avant-main ainsi préparée, au commandement : *Partez au galop*, les jambes augmenteront leur pression pour accélérer la vitesse, la jambe gauche agissant plus fortement que la droite, afin d'engager les hanches un peu à droite, ce qui favorisera le déplacement de l'épaule droite en avant. Une fois l'allure déterminée, la main se redressera, en se plaçant dans la direction que l'on veut faire suivre au cheval, et les jambes égaliseront leur effet.

Si, pendant la durée du temps de galop, on sentait que le cheval voulût ou changer d'allure ou changer de pied, on reporterait la main à gauche, et l'on ferait primer l'action de la jambe gauche.

Cette manière de demander et de maintenir l'allure du galop étant devenue familière, l'instructeur essaiera de l'obtenir sans le secours de l'action de la main.

Dans ce cas, c'est en raison de la manière dont le cheval est provoqué par les jambes, et surtout en raison des lignes qu'on lui fait parcourir, qu'on l'oblige à prendre de lui-même l'allure du galop.

Au commandement : *Marchez au galop à droite sans le secours de la main,* les élèves baisseront la main et augmenteront l'action des jambes pour engager le cheval au trot ; à mesure que cette allure s'allongera, la jambe gauche du cavalier augmentera son action, afin d'accélérer l'allure et faire dévier l'arrière-main à droite ; ce qui disposera déjà le cheval au départ à droite ; le galop se produira alors infailliblement au premier tournant, parce que l'épaule droite sera obligée de devancer la gauche.

Après ce travail, qui aura été exécuté individuellement autant que possible, on passera à celui de la reprise.

La nécessité de marcher à des distances égales, de régler les chevaux sur le train de celui qui dirige la reprise, fera mettre en pratique tous les principes énoncés ci-dessus. Il faut laisser l'élève chercher de lui-même les moyens qu'il croit les meilleurs, dans tous ceux qu'on lui a indiqués, pour conduire régulièrement le cheval qu'il monte.

Le travail du manége devenant alors plus juste, plus régulier et étant exécuté sur des chevaux plus doux d'allure, on associera à ce travail celui des chevaux de carrière, qu'on ne montera qu'au pas et au trot. Ces exercices serviront à donner l'habitude des allures prononcées et assureront la tenue. Il est fort essentiel que les élèves cherchent à appliquer sur ces chevaux tous les moyens de conduite que le travail régulier du manége aura pu leur faire acquérir. Le manége est un moyen d'arriver plus vite à l'emploi du cheval à l'extérieur, quelles que soient sa nature, sa finesse et son énergie. Il ne faut donc pas que les exercices de la carrière soient exécutés de manière à détruire ce que le manége a pu enseigner.

Les personnes qui envisagent le travail des chevaux de manége comme un travail exceptionnel, commettent une erreur. C'est pour préparer à l'équitation du dehors qu'on commence par celle du manége.

Les chevaux de carrière sont montés en bride; l'emploi du bridon en cette circonstance éloignerait du but que l'on doit chercher à atteindre, c'est-à-dire de les conduire avec légèreté.

Le cheval habitué à l'action du mors de bride devient lourd, pesant à la main, dès qu'il est mis en bridon.

Les chevaux de carrière seront montés soit dans

le manége, soit dans la carrière. On leur fera exécuter, en marchant à des allures un peu allongées, le travail des deux premières leçons.

TRAVAIL DE LA REPRISE SIMPLE DU MANÉGE.

La reprise simple consiste en un tour de manége au pas sur le large à main droite, changement de main direct, un tour à main gauche, changer de main et revenir à main droite. Trois tours de manége au petit trot, doublé successif dans la longueur, changement de main direct, trois tours à main gauche. Doubler dans la longueur et changer de main pour revenir à droite. Partir au galop à droite et répéter le même travail qu'au trot. Exécuter ensuite au galop deux demi-voltes successives et deux demi-voltes renversées. Marcher au pas en cercle, trois tours à chaque main. Marcher la tête au mur. Arrêter au mur. Appuyer à droite et à gauche la tête au mur. Arrêter. Prendre les éperons quand la reprise de manége commence à être exécutée avec précision.

C'est dans le travail de la reprise simple du manége que les élèves pourront mettre en pratique tous les principes dont ils doivent être déjà imbus. Ce travail régulier leur donnera le sentiment de la justesse, de la précision et de la régularité des mouvements. Les distances à observer, les coins à passer seront pour eux un travail de tous les instants, surtout si l'écuyer exige que les chevaux restent constamment placés à la main à laquelle ils se trouvent.

On entend par cheval placé, celui dont les hanches et les épaules sont parallèles au mur, et dont on ploie l'encolure de façon à tourner la tête légèrement en dedans du manége.

Ainsi, pour placer le cheval à droite, les deux jambes doivent agir également pour maintenir l'arrière-main, et l'empêcher de tomber en dehors ou en dedans de la piste. La main de la bride (la main gauche) sera fixe et bien assurée pour régulariser les mouvements de l'avant - main. Elle offrira ainsi, au côté gauche de l'encolure et de la bouche, un soutien qui empêchera l'avant-main de tomber à gauche ; la main droite saisira la rêne droite de la bride, et, en l'ouvrant légèrement, opérera un petit effet de traction qui amènera la tête à droite, en pliant l'encolure de ce côté ; une fois ce pli obtenu , la main droite marquera alors un soutien de devant en arrière de la rêne droite qui devra équivaloir à celui imprimé par la main gauche sur la rêne gauche, en sorte que le cheval, tout en ayant l'encolure un peu pliée à droite, dirigera les épaules et l'arrière-main sur une ligne directe, malgré ce pli.

Le cheval doit rester placé à droite, tant qu'il marche à cette main. Au moment d'en sortir, c'est-à-dire quand il arrivera à la fin d'un changement de main, il doit être placé graduellement au pli contraire.

Cette suite dans le travail sert à fixer l'attention des élèves, à leur donner déjà une idée de l'accord des mains et des jambes, leur apprendre à nuancer leurs actions en raison de la sensibilité de chaque cheval.

Lorsque, dans cette leçon, on marchera au galop, les changements de pied que l'on doit exécuter lors des changements de main doivent se faire terre à terre, c'est-à-dire qu'à la fin du changement de main, l'instructeur fera interrompre le galop, afin qu'il soit repris alternativement d'après les divers moyens que nous avons expliqués précédemment.

Le passage des coins, les doublés s'exécuteront toujours d'après les principes que nous avons indiqués.

La reprise étant terminée, l'instructeur devra rendre le travail individuel, afin d'habituer les élèves à se servir de leurs aides. Lorsqu'ils marcheront au pas le long des pistes, on prescrira au dernier cavalier de quitter la piste et d'aller prendre la tête de la reprise. On pourra encore faire doubler successivement chaque élève dans la longueur du manége et lui faire exécuter divers mouvements et changer d'allure. Ce travail individuel fait juger le degré de force de chaque cavalier et lui apprend à faire accorder l'effet des aides des mains et des jambes. On fera marcher ensuite au pas en cercle aux deux mains et exécuter le travail de la tête au mur.

Nous avons vu comment on a agi pour obtenir les mouvements en avant et en arrière, pour faire dévier les épaules ou l'arrière-main dans la production du mouvement en avant ou rétrograde.

Il importe maintenant de faire connaître le moyen d'obtenir les mouvements par côté, dans lesquels le cheval ne doit gagner de terrain ni en avant ni en arrière, et où la ligne des épaules et des hanches devient perpendiculaire au mur, les chevaux marchant à main droite.

Quand l'instructeur commandera :

Marchez la tête au mur,

Le chef de la reprise dirigera son cheval vis-à-vis un des grands côtés du manége et s'arrêtera quand la tête du cheval sera près du mur : les élèves arriveront ainsi successivement à une distance de 2 à 3 mètres les uns des autres. Une fois en face du mur, les élèves baisseront la main et relâcheront les jambes, afin que les chevaux restent en place.

Quand l'instructeur commandera :

Préparez-vous à appuyer de gauche à droite ou à fuir le talon gauche,

Chaque cavalier replacera la main pour rétablir son rapport avec la bouche du cheval, et les deux jambes se fermeront pour soutenir l'effet de la main et mettre le cheval en mouvement.

Au commandement :

Appuyez de gauche à droite,

Chaque cavalier portera un peu la main à droite pour engager l'avant-main de ce côté ; la jambe gauche marquera une plus forte action pour diriger l'arrière-main à droite et faire marcher ainsi l'avant et l'arrière-main presque parallèlement.

Ce travail contribue à donner aux élèves une juste appréciation de l'accord des mains et des jambes.

Ainsi, par exemple, si la main, en se portant à droite, engageait trop les épaules de ce côté, de façon à ce que la jambe gauche, tout en agissant pour porter les hanches, ne pût pas les amener sur la ligne des épaules, il faudrait alors que la main, en se fixant ou en se portant à gauche, arrêtât le développement des épaules à droite, ce qui donnerait à l'arrière-main le temps d'arriver. Si, au contraire, la jambe gauche portait trop les hanches à droite, et que l'arrière-main dépassât la ligne des épaules, il faudrait, tout en diminuant l'action de la jambe gauche, augmenter l'action de la droite, qui produirait l'effet contraire, ou bien porter la main plus à droite, afin d'opposer les épaules aux hanches.

Dans les mouvements de côté, le cheval étant maintenu en avant par le mur, la main n'ayant point à empêcher le mouvement en avant de se produire, elle devra agir avec le plus de légèreté possible, pour maintenir l'avant-main en face du mur ou la déplacer à droite ou à gauche, en raison de la manière dont l'arrière-main s'engage.

Les jambes doivent d'abord agir pour empêcher le cheval de reculer, pour maintenir la tête au mur, et puis leur effet se contrebalance et se modifie, lorsqu'il s'agit de mettre l'arrière-main en mouvement et de la faire marcher d'accord avec l'avant-main.

Ces trois premières leçons bien exécutées, les élèves auront acquis un tact, un sentiment du cheval, qui les mettront à même de raisonner le travail des leçons suivantes.

Manière de faire usage des éperons.

Assurer son corps, son assiette et sa main, se lier au cheval des cuisses et des jarrets.

Tout en conservant le contact entre la main et la bouche du cheval pour indiquer la direction à suivre, diminuer ce contact afin que le cheval trouve assez de liberté pour ne pas être arrêté dans les mouvements brusques et **en avant** que l'attaque des éperons doit produire.

Plier ensuite les jarrets avec force, de façon que les gras de jambes se rapprochent vivement du cheval, et que les éperons viennent porter derrière les sangles ; étreindre ainsi le cheval jusqu'à ce que le mouvement en avant se soit produit, relâcher les jambes et régulariser avec la main l'effet qu'aura amené cette attaque.

Il est bon, avant de faire porter les éperons, d'apprendre aux élèves, sur des chevaux froids, à donner des coups de talons.

Puisque l'éperon doit être considéré comme châtiment, il faut s'en servir vigoureusement. Cependant, dans certains cas donnés, il peut être employé comme aide ; on doit, après avoir augmenté par degré l'action des jambes, le faire sentir légèrement au cheval ; il sert dans ce cas, à réveiller son action, à grandir ses mouvements sans le jeter dans le désordre et les mouvements heurtés que produit toujours une attaque vigoureuse de surprise (1).

(1) Le travail de carrière aura lieu à la deuxième partie de la troisième leçon, et se combinera avec celui du manége ; on exécutera dans ce travail la série des mouvements de la deuxième et de la troisième leçon. Ce travail se faisant avec des chevaux à allures plus marquées, l'allure devra être plus allongée, on confirmera ainsi les positions qui doivent être très-assurées pour comprendre et bien exécuter le travail de la quatrième leçon.

Ce sera aussi à la troisième leçon que l'on fera monter les sauteurs. Ce travail devra être très-progressif, afin d'éviter les accidents en faisant retirer **tout** d'abord une confiance que les sauteurs doivent donner **à la longue**.

CHAPITRE V.

QUATRIÈME LEÇON.

PREMIÈRE PARTIE.

Avant de donner la progression du travail de cette leçon, il devient nécessaire de donner une explication succincte des principes du mouvement, de la valeur des aides, de leur effet pour régler, allonger ou ralentir les allures et changer les directions.

DÉFINITION GÉNÉRALE.

La machine animale se compose de rouages, de ressorts, de leviers ; en un mot, de tous les instruments du mouvement que met en jeu la volonté de l'animal.

L'équitation raisonnée a pour objet d'agir sur cette machine, de manière à harmoniser ses forces, à les maîtriser, tout en évitant d'exercer sur le cheval une suggestion trop grande qui annulerait en lui ses brillantes facultés.

Principes du mouvement ou forces motrices.

Dans le mouvement du cheval, il y a deux forces à considérer : la force musculaire et la force inerte. Elles se trouvent combinées dans chaque individu dans des proportions différentes.

La force musculaire est essentiellement productrice du mouvement; c'est elle qui provoque le déplacement. Une fois le déplacement obtenu, la force inerte lui vient en aide en raison de la direction suivant laquelle la machine est engagée. Ainsi, dans la montée ou dans la descente, ces deux forces jouent alternativement le rôle principal.

Elles jouent aussi un rôle plus ou moins efficace, suivant la nature des chevaux, leur emploi et les conditions particulières dans lesquelles ils se trouvent. Ainsi, un cheval léger, abandonné à toute l'énergie de ses moyens naturels, se meut principalement par la force musculaire ; mais lorsqu'elle est épuisée par la fatigue, la force inerte devient l'agent le plus actif du mouvement.

Dans un cheval lourd, un cheval de trait, par exemple, c'est la force inerte qui prédomine.

Dans la combinaison des allures, dans les changements de direction et les divers' degrés de vitesse, l'équitation enseigne le moyen de gouverner ces forces, de manière à mettre le cheval dans la nécessité d'exécuter ce que lui demande le cavalier.

Production du mouvement.

Le mouvement est déterminé par les différents rapports du centre de gravité avec la base de sustentation. Dans l'état de repos, le centre de gravité est étayé par cette base.

Du moment où ce rapport est rompu, il arrivera de deux choses l'une : ou le centre de gravité, privé de sa base, produira la chute, ou les jambes arriveront assez à temps au secours de la masse pour prévenir la chute, et le mouvement sera accompli.

Ainsi, les quatre mouvements, en avant, en arrière, à droite, à gauche, ont toujours lieu, parce que le centre de gravité dépasse la base dans le sens de l'une de ces quatre directions.

DU RÔLE QUE JOUENT LA TÊTE ET L'ENCOLURE DANS LES DÉPLACEMENTS DE LA MASSE.

Lorsque le cheval peut disposer de tous ses moyens naturels propres à faciliter l'exécution de ses mouvements, il se sert de sa tête et de son encolure comme d'un balancier, à l'aide duquel il équilibre ses forces ou en modifie l'emploi. Veut-il aller en avant, il éloigne la tête, allonge son encolure, afin d'amener son centre de gravité dans le sens du mouvement progressif; veut-il, au contraire, effectuer le mouvement rétrograde, il ramène sa tête, raccourcit son encolure, et imprime ainsi à la masse le mouvement en arrière.

Dans les mouvements de côté, obliques ou circulaires, c'est encore le déplacement de la tête et de l'encolure à droite ou à gauche qui favorise, règle et maintient le *tourner*; mais, dans ce cas, le cheval dispose quelquefois de son encolure pour faire affecter à la tête une position telle que la main du cavalier resterait impuissante à bien gouverner le cheval si on ne cherchait pas à combattre cette disposition naturelle.

Ainsi, par exemple, lorsque le cheval, livré à lui-même, veut, dans un mouvement précipité, tourner à droite, et qu'il a engagé la masse de ce côté, il arrive que pour contrebalancer la rapidité de ce déplacement qui pourrait entraîner sa chute, il porte sa tête et par suite le haut de son encolure dans la direction opposée, et parvient ainsi à atténuer le mouvement trop marqué des épaules et de la base de l'encolure dans le sens du mouvement imprimé.

Le cavalier qui veut maîtriser son cheval, doit lui placer la tête dans des conditions telles que le mors puisse régler ses déplacements ainsi que ceux de l'encolure, de façon que celle-ci se plie, se raccourcisse ou s'allonge, selon les impressions que la bouche recevra de la main du cavalier.

Comme nous venons de le dire, si le cheval en liberté, qui tourne rapidement à droite, peut porter le tête à gauche, c'est pour contrebalancer la pesanteur de la base de l'encolure qui entraîne la masse à droite. Si, dans ce cas, le cavalier, à l'aide du mors, peut porter la tête du cheval du côté où il veut tourner, il a aussi la faculté de la maintenir de façon à faire refluer sur l'épaule gauche la base de l'encolure, et par là même, régulariser le tournant. C'est donc toujours la même loi d'équilibre qui régit le déplacement des masses; le cavalier en change seulement la disposition pour mieux gouverner le cheval.

Position de la tête.

Pour recevoir régulièrement l'impression de la main du cavalier et ne pas gêner la respiration, la tête du cheval doit être placée un peu en avant de la verticale. Cette position est celle que l'on doit lui faire prendre dans les allures ordinaires, les mouvements simples et réguliers.

Plus on veut raccourcir l'allure, plus la tête doit rentrer dans la ligne verticale; plus, au contraire, on veut augmenter la vitesse, plus la tête doit sortir de cette ligne.

Dans ces deux derniers cas, la position qu'affecte la tête peut être considérée comme normale, puisque de l'attitude qu'on lui fait prendre, dépend le ralentissement ou le développement des allures.

La tête peut affecter une position irrégulière, c'est-à-dire trop se rapprocher ou trop s'éloigner de la ligne verticale, soit en raison de la conformation défectueuse de l'avant-main, soit par suite d'une embouchure mal ajustée, soit par excès de sensibilité de la barbe et des barres, soit enfin, et c'est le cas le plus fréquent pour les chevaux qui portent au vent, par un vice de conformation dans une des parties de l'arrière-main.

Non-seulement c'est par l'emploi judicieux des aides que le cavalier parvient à combattre les défauts de position, mais c'est encore en employant un mors plus ou moins dur, en le plaçant plus ou moins bas dans la bouche du cheval, et enfin, en serrant plus ou moins la gourmette.

Ainsi, par exemple, avec le cheval qui porte au vent, on doit, pour le ramener, augmenter la valeur des bras de levier, et, par conséquent, user d'un mors à branches longues et le placer le plus bas possible. Pour le cheval, au contraire, qui porte la tête basse ou se ramène trop, le mors doit être placé le plus haut possible, avoir des branches courtes, afin que les effets s'impriment de bas en haut.

Si, dans l'état de nature, la position qu'affecte la tête est déterminée par l'attitude que prend l'encolure ; chez le cheval soumis au frein, c'est le mors qui, par son action sur la bouche, fait prendre à la tête une position à laquelle l'encolure est forcée de céder ; ce sera donc en raison de la manière dont les mains agiront, que l'encolure pourra se relever, s'allonger et se plier à droite ou à gauche. De la connaissance des effets du mors et de leur judicieuse application dépend donc la flexibilité de l'encolure et par la même la bonne position imprimée à la tête du cheval.

Assouplissement de l'encolure.

En faisant agir le mors de devant en arrière, l'effet égal des deux canons sur les barres, en forçant la tête à se porter en arrière, produira nécessairement la flexion de l'encolure d'avant en arrière.

L'ouverture et la traction d'une rêne, de la droite, par exemple, produisant une action plus marquée du canon droit sur la barre droite, font tourner la tête à droite, la portent en arrière, de droite à gauche, et fléchissent l'encolure à droite.

En thèse générale, toutes les actions imprimées sur la bouche doivent se demander graduellement jusqu'à ce que le cheval cède. Lorsqu'il a obéi, la main doit diminuer son action, et ne la reprendre que si l'encolure s'allonge pour reporter la tête en avant. Les effets de résistance et d'abandon de la main auront bientôt donné à l'encolure la flexibilité que l'on veut obtenir.

On habitue le cheval à ces effets du mors, soit de pied ferme, soit en mouvement.

Les assouplissements de pied ferme se demandent particulièrement avec les jeunes chevaux, le cavalier étant à pied ; celui-ci, se place alors en face du cheval et fait agir les canons sur les barres, comme nous l'avons dit plus haut.

Dans cette circonstance, cependant, il est bon de remarquer que ces assouplissements ont moins pour but d'amollir et de mobiliser l'encolure que d'habituer la bouche du cheval à comprendre et à accepter les diverses sensation du mors.

Lorsqu'on demande les flexions ou assouplissements étant à cheval, les jambes doivent soutenir les actions de la main afin d'empêcher le cheval de reculer.

L'assouplissement s'obtient aussi en badinant la rêne, c'est-à-dire en l'ouvrant et la secouant de manière à marquer sur les barres de petites saccades successives et très-légères auxquelles le cheval finit par céder en tournant la tête et pliant l'encolure (1).

Les assouplissements essentiels qui complètent l'éducation du cheval sont ceux que l'on demande lorsque le cheval est en mouvement ; l'on peut alors mesurer jusqu'où doivent aller les exigences, parce qu'alors seulement le cheval peut livrer à notre appréciation la nature de ses résistances et celle de ses moyens individuels.

Les jambes doivent de même toujours précéder l'action de la main, car la tête ne se ramène, l'encolure ne se fléchit que par l'effet du déplacement du cheval ; poussé en avant par les jambes, il ren-

---

(1) Il est à remarquer que certains chevaux présentent une raideur d'encolure de telle nature, qu'il faut plus de temps et de soin pour les faire céder, tant de pied ferme qu'en badinant les rênes ; ceci tient à la disposition musculaire de l'encolure, ainsi qu'on le remarque chez les chevaux entiers, qui ont cette région beaucoup plus développée.

contre la main qui, placée fixe et basse, offre à la bouche une résistance qui, en restreignant le développement de l'avant-main, force l'encolure à se fléchir.

De la position de l'encolure.

L'encolure étant le levier indispensable pour faciliter le mouvement progressif, son attitude doit être telle que, tout en étant assouplie et acceptant sans résistance les déplacements rétrogrades et latéraux, elle doit toujours conserver son soutien et même un certain degré de rigidité. Sa direction doit être celle que naturellement elle prend lorsque le cheval, sans être monté, est en place et posé d'aplomb.

Si, contrairement à ce principe, on cherchait à trop lever la tête et l'encolure, le jeu des épaules pourrait être plus libre ; mais en même temps, les reins et toutes les parties de l'arrière-main étant écrasées, les hanches et les jarrets gênés dans leur action, il en résulterait que les déplacements de l'arrière-main seraient restreints, inégaux et saccadés, et que l'allure perdrait à la fois de la vitesse et de la régularité.

Si l'encolure était trop basse, l'arrière-main, quoique rendue plus libre, n'en fonctionnerait pas mieux pour cela ; car ne se rapprochant du centre que par une puissance toute particulière et momentanée des jambes du cavalier, elle ne tarderait pas à s'éloigner, déchargée du poids qui devait lui être assigné dans une juste répartition des forces ; poids, nous le répétons, qui tend à fixer l'arrière-main et qui se trouve naturellement renvoyé des épaules sur les hanches lorsque l'encolure conserve un degré d'élévation convenable. Or, une arrière-main trop libre, trop dégagée du poids qu'elle doit porter, ne peut favoriser les allures.

La position de l'encolure ne doit donc être ni trop haute ni trop basse ; elle doit pouvoir se raccourcir et s'allonger, selon que la tête se rapproche ou s'éloigne de la verticale. La tête, en se ramenant, doit rouer l'encolure sans la briser ; en s'éloignant, elle doit la tendre sans l'enlever.

Le cheval ainsi posé, les rênes conserveront toute leur puissance ; les membres de l'avant comme de l'arrière-main coordonneront leur action dans les mouvements, soit allongés, soit raccourcis, que le cavalier pourra exiger.

Après avoir démontré le rôle que joue l'encolure, et défini la position que doit conserver la tête, nous allons parler des effets raisonnés du mors et des aides de la main et des jambes. C'est avec leur concours et leur accord que l'on amène la tête du cheval à cette position normale, d'où dépend la certitude dans la conduite et la régularité dans les allures.

Nous passerons ensuite à l'étude de tous les mouvements qu'on peut exiger du cheval, en ayant soin de procéder du simple au composé, c'est-à-dire que la première partie du travail se fera en maintenant le cheval droit, et la seconde, en exigeant qu'il soit plié.

Des aides de la main. — Applications pratiques relatives à l'action du mors.

La main en tendant les rênes agit sur le mors et fait éprouver immédiatement une sensation sur les barres. C'est en raison de l'impression que les barres reçoivent, que le cheval recule, s'arrête ou se dirige. Ces impressions qu'imprime la main, se modifient, s'atténuent et semblent se contredire, en raison des diverses conditions d'équilibre dans lesquelles se trouve le cheval lorsque la main agit.

Ainsi, par exemple, si nous prenons le cheval au repos, et que l'on tende les rênes, il reculera, parce que le mors imprime sur les barres un effet de devant en arrière auquel il cède.

Si, au contraire, nous le prenons en mouvement, nous verrons que quelquefois, la main, pour le maintenir et le diriger, est obligée d'employer une résistance plus forte que celle dont elle a usé pour le faire reculer. A quoi cela tient-il?

A ce que, dans le premier cas, le cheval, étant en équilibre, a cédé à la première impression qu'il a reçue et la rupture a dû se faire en arrière ; tandis que, dans le second cas, la rupture de l'équilibre 'étant faite en avant, la main n'a plus apparu que comme soutien, pour régler le déplacement de la masse.

On voit donc que, dans l'un et l'autre cas, la sensation sur les barres a toujours eu lieu, et cependant les résultats ont été bien différents. Dans la marche, les changements de direction sont toujours subordonnés à la position qu'affecte l'encolure, qui, en même temps qu'elle est le bras du levier qui entraîne la masse en avant, est aussi le gouvernail qui règle les déplacements du cheval. Nous pourrions encore comparer l'encolure à un pendule, qui, dans son balancement, force l'avant-main à dévier du côté où son poids est attiré ou repoussé.

C'est en raison, alors, des sensations que les barres reçoivent, que la tête du cheval affecte une position qui agit sur l'encolure de façon à attirer ou à repousser son poids sur l'une ou l'autre épaule, ou à le répartir également sur les deux.

On comprend alors que, lorsque les sensations des canons sur les barres auront une égale valeur, le cheval marchera droit, puisque la tête, maintenue sur un plan parallèle, conservera à l'encolure sa rigidité.

En conséquence, ce qui pourra faire dévier le cheval, ce sera nécessairement l'inégalité dans la tension des rênes.

Ainsi, par exemple, si la rêne gauche se tend et que la droite se relâche, il n'est pas douteux que la barre gauche sera plus comprimée que la droite ; maintenant, lorsque cette sensation se produira, le cheval devra-t-il tourner à gauche ou à droite ?

7.

Nous répondrons, qu'il pourra tourner de l'un ou de l'autre côté ; cela dépendra de la manière dont la masse sera préalablement engagée, ou de la manière dont on la disposera avant de produire cette action.

. Mais, dans tous les cas, ce sera la sensation que le canon gauche imprimera à la barre qui déterminera le déplacement à gauche ou à droite.

C'est ce que nous allons démontrer.

Nous devons préalablement établir que le cheval doit accepter le mors avec assez de confiance pour que l'appui des canons sur les barres ne l'effraie plus et ne le jette pas dans un mouvement heurté et désordonné ; qu'enfin il soit fait à son contact.

C'est, du reste, la première chose qu'il faille apprendre au jeune cheval quand on lui met la bride ; on ne doit se servir du mors pour les changements de direction que lorsqu'il n'est plus effrayé de son appui.

Cette condition expresse arrêtée, les changements de direction et les tournants dépendront de la position qu'affecteront la tête et l'encolure, en raison de la sensation que la main imprimera sur l'une ou l'autre barre.

Ainsi, par exemple, si l'on tend la rêne gauche, en portant la main un peu à gauche, la barre gauche éprouvera une sensation de droite à gauche à laquelle elle cédera en portant la tête à gauche et en attirant l'encolure de ce côté ; la tête et l'enco-

lure sortant de l'axe du cheval en se portant à
gauche, ce déplacement de poids fait dévier forcément le cheval à gauche. Si cette traction devient
plus marquée, ce qui arrive en ouvrant davantage
la rêne et en tirant un peu plus fort, le cheval
tournera d'autant plus vite à gauche, que le déplacement de l'encolure de ce côté sera plus grand.
Au contraire, si la rêne, en se tendant, se porte en
arrière, et de gauche à droite, la barre gauche reçoit une impression qui, tout en amenant le nez à
gauche, se traduit tout différemment ; car cet effet
de traction de devant en arrière et de gauche à
droite recule la tête sans la sortir de l'axe du cheval, et ce déplacement provoque nécessairement le
pli de l'encolure, dont le poids, refoulé sur l'épaule
droite, déterminera le tournant à droite, seul côté
où le cheval puisse s'échapper, puisque la traction
sur la barre gauche et la direction donnée à la rênn
gauche ont été telles, que le cheval n'a pu se porter
ni en avant ni à gauche, tandis que le poids de l'encolure a forcé l'équilibre de se rompre à droite, ce
qui a produit le tournant de ce côté. Une traction
imprimée sur la rêne gauche, dans les mêmes conditions, mais moins marquée que la précédente,
ne chargeant pas autant l'épaule droite du poids
de l'encolure, fait dévier le cheval à droite au lieu
de le faire tourner.

Comme c'est suivant la direction donnée à la
rêne que l'on imprime à la barre une sensation qui
fait affecter à la tête et à l'encolure une position

qui détermine les changements de directions, nous dirons, lorsque le cheval se tourne du côté où la rêne se tend, que l'action de la rêne est directe (que l'on fait tourner le cheval par l'effet de la rêne directe).

Quand, au contraire, le tournant se produit du côté opposé à la rêne qui agit, on dira que l'on agit par l'effet de la rêne contraire.

Le cheval tourne par l'effet de la rêne contraire lorsque la rêne gauche se tend et que le cheval tourne à droite.

On peut dire encore, dans les deux cas qui précèdent, que l'on a agi par l'ouverture ou l'appui de la rêne, soit qu'on l'écarte de l'encolure, soit qu'on l'appuie dessus, afin de lui donner la direction nécessaire pour faire produire au mors telle ou telle sensation (1).

On appelle effet de rêne d'opposition, l'effet inter-

----

(1) Quand le cheval est fait aux appuis du mors, les tournants demandés par la main de la bride s'obtiennent toujours par l'effet de la rêne contraire. Ce n'est que comme accessoire et par exception que l'on emploie la main qui reste libre, pour aider le tournant en agissant sur la rêne directe. Si dans les leçons on a recommandé au cavalier de ne jamais exécuter un tournant sans, au préalable, avoir rassemblé son cheval, c'est justement parce que cette action ramène la tête et la dispose ainsi que l'encolure à mieux céder à l'action du mors qui doit produire le tournant. Malheureusement, beaucoup d'instructeurs vous débitent machinalement ce principe sans savoir quel résultat il doit produire.

médiaire entre les deux précédents ; il sert à opposer les épaules aux hanches et à dévier le cheval sans provoquer le tournant.

Exemple d'effet de rêne d'opposition. — Si, marchant en ligne directe, le cheval se trouve effrayé d'un objet placé à sa droite, et cherche à le fuir en se jetant à gauche, l'action de devant en arrière de la rêne gauche, suivie de son léger maintien à droite, pousse le cheval à droite et l'empêche de dévier l'avant-main à gauche.

Autre exemple. — Si, voulant suivre une ligne droite, l'arrière-main dévie à gauche, ce déplacement de l'arrière-main peut se rectifier par l'effet de la rêne d'opposition, qui agira dans ce cas d'une manière différente.

Alors la rêne gauche s'ouvrira légèrement à gauche pour amener la tête et l'encolure de ce côté ; ainsi posée, la rêne agira de devant en arrière pour retarder le développement de l'épaule, et faire refluer son poids sur la hanche droite, qui alors déviera à droite et redressera ainsi le déplacement de l'arrière-main. Si cette action de devant en arrière se continue, les hanches continueront aussi de s'échapper à droite, ce qui fera entamer le mouvement oblique de gauche à droite par l'arrière-main.

L'explication de ces effets aura tout à l'heure un développement plus grand.

Nous savons que, pour que la bouche du cheval cède avec précision à ces divers effets du mors, il faut que la tête se rapproche de la verticale, le bout du nez restant toutefois un peu plus en avant qu'en arrière de cette ligne, puisqu'on facilite ainsi la respiration du cheval, que l'on conserve à l'encolure sa valeur comme bras de levier, tout en lui assurant le soutien nécessaire pour que ces déplacements latéraux soient gradués et non heurtés, ce qui arrive quand elle est ou qu'on l'a rendue trop flexible.

D'après cela, il sera facile de comprendre que, lorsque la tête s'éloignera par trop de la verticale en se portant en avant, le cheval répondra mieux aux effets directs qu'aux effets contraires; car la tête, en s'éloignant, tendra l'encolure, qui sera ainsi placée dans les conditions les plus favorables pour se porter du côté où la tête sera attirée; tandis que, au contraire, plus la tête se rapprochera de la verticale, plus le tournant, par l'effet de la rêne contraire, sera facile à obtenir; l'encolure étant alors distendue, assouplie, sera dans les conditions voulues pour refluer facilement du côté opposé à celui où la tête sera appelée. Dans ce dernier cas, les effets sur la rêne directe seront plus difficiles à obtenir, parce qu'il peut arriver qu'au moment où l'on opère la traction, il n'y ait que la tête qui tourne et que l'encolure, trop flexible, au lieu de suivre ce déplacement de la tête, ne fasse que se ployer davantage et imprimer alors sur les barres une

sensation autre que celle que l'on a voulu produire,
et porte l'avant-main du côté opposé à celui où l'on
a voulu l'attirer (1).

Il suffit d'un peu d'observation et de pratique
pour se rendre compte de ces différents effets. Un
cavalier qui montera un cheval qui tend son encolure et porte le nez au vent, sentira qu'il est im-
puissant à faire tourner son cheval par l'effet isolé
de la rêne contraire ; de même celui qui montera un
cheval à encolure trop flexible aura toutes les peines
du monde à tourner par l'effet de la rêne directe.
Nous répéterons qu'avant de chercher à faire connaître au cheval les effets de côté du mors, il
faut préalablement qu'il en reçoive l'appui avec
confiance, que sa tête soit maintenue dans une position normale, c'est-à-dire le bout du nez un peu

-----

(1) Certains écuyers, et moi tout le premier, prennent l'habitude, en donnant la leçon, de se servir d'expressions que l'on
croit plus saisissantes à l'esprit des élèves, et qui, prises au pied
de la lettre, ne sont pas toujours exactes.

Ainsi, certaines personnes disent que la rêne agit par traction
lorsqu'elle fait tourner le cheval du côté où on la tend, et par
pulsion lorsqu'elle provoque le tournant du côté contraire. Ces
expressions ne sont pas exactes, parce que la traction a lieu dans
l'un ou l'autre cas ; en disant ensuite que le cheval tourne par
l'effet de la rêne de pulsion, c'est laisser supposer que le tournant est produit par l'effet seul de la rêne sur l'encolure, ce qui
n'est pas exact, puisque la rêne ne peut se tendre sans que la
barre soit affectée, et que le tournant résulte essentiellement de
l'attitude que la tête prend, en raison de la sensation que reçoit
la barre.

en avant de la verticale, et qu'enfin il ne faut chercher à assouplir l'encolure que juste ce qui est nécessaire pour l'amener à céder aux actions précises
de cet instrument. Le cavalier se met en rapport
avec le mors au moyen des rênes qui transmettent
sa volonté.

Les rênes ne jouent, quoi qu'on en ait dit, qu'un
rôle très-secondaire. L'appui qu'elles sont forcées
de marquer sur l'encolure, lorsque l'on veut obtenir
le tournant par la rêne contraire, peut offrir une
résistance qui produit sur l'encolure un effet de
pulsion ; mais cet effet serait d'une valeur presque
négative si le mors n'agissait pas en même temps,
et c'est la manière dont il agit qui force la tête et
l'encolure à prendre une attitude qui détermine le
tournant.

L'appui des rênes a sa plus grande valeur pour
maintenir l'encolure et favoriser les changements
de directions, lorsque le cheval est en bridon ; avec
le mors du bridon, il ne répond guère qu'aux actions directes des rênes. l'effet que ce frein produit
sur la bouche n'est plus le même que celui produit
par le mors de bride.

Quand on fait agir la rêne directe du bridon pour
demander un tournant, il s'opère alors un frottement sur toute la bouche du cheval, de dehors en
dedans, c'est-à-dire de gauche à droite si l'on tire
la rêne droite. Ce frottement est tellement positif,
que si l'on relâche la rêne gauche dans le moment
où l'on tire la droite, le mors peut sortir de la bou-

che du côté où s'opère la traction. Aussi est-ce pour éviter cet inconvénient que l'on met des ailes aux anneaux du mors de bridon.

On comprend alors que si, au lieu de relâcher la rêne gauche, on la maintient ou l'appuie sur l'encolure, on assure d'abord le mors dans la bouche du cheval, et l'on marque par cet appui, sur la face gauche de l'encolure, une résistance, une sorte de pulsion qui, l'empêchant de se porter à gauche, vient favoriser le tournant à droite. Mais cet effet de la rêne gauche et du canon gauche du mors de bridon n'a de valeur que si la rêne droite est tirée de son côté ; car si elle se lâchait, le mors, cédant à la traction qui lui viendrait uniquement de gauche, coulerait dans la bouche de droite à gauche, et amènerait la tête et l'encolure de ce dernier côté.

C'est en raison de la façon d'être du cheval, de la conformation de sa bouche, que l'on choisit un mors plus ou moins dur, plus ou moins long de branches, afin qu'avec l'aide de cet instrument et des autres moyens équestres que possède le cavalier, on arrive à lui placer la tête et la maintenir dans la position normale dont nous avons parlé, puisque c'est celle-là qui assure les moyens de conduite les plus certains et qui place le cheval dans les conditions les meilleurs à l'exécution de ses mouvements (1).

---

(1) Les tournants en sens contraire, produits par la même rêne et par la sensation imprimée sur la même barre, ont amené

Accord des deux rênes.

Lorsque l'on a donné à l'encolure une flexibilité

---

bien des controverses et fait surgir bien des théories erronées.

Les uns, s'appuyant sur l'effet qui se produit sur la bouche du cheval de voiture, qui ne doit et ne peut répondre qu'à l'effet de la rêne directe, prétendaient que la sensation qui servait à tirer le cheval à gauche, ne pouvait, en aucun cas, avoir la propriété contraire de le diriger à droite. Aussi, avaient-ils une manière assez curieuse d'expliquer le tournant à droite par l'effet de la rêne gauche.

Ils disaient qu'en portant la main en avant et à droite, la rêne gauche, en se tendant, provoquait, de la part du mors, un effet de bascule de gauche à droite, qui, en soulevant le canon gauche et diminuant son contact avec la barre gauche, faisait appuyer le canon droit sur la barre droite, et que c'était le résultat de cette sensation qui déterminait le tournant à droite.

Un pareil système est trop facile à combattre pour prendre la peine de le discuter. Je me bornerai à dire que, s'il était possible que le mors basculât de gauche à droite, comme on l'a prétendu, l'impression que recevrait la barre droite, loin d'attirer la tête à droite, la ferait porter à gauche ; car, indépendamment de ce qu'il n'y aurait pas moyen d'établir avec la rêne un effet de traction, la sensation serait imprimée sur la barre de droite à gauche, c'est-à-dire de dehors en dedans, ce qui forcément ferait porter la tête et l'encolure à gauche.

D'autres ont bien voulu reconnaître que la barre qui recevait la sensation était celle du côté de la rêne tendue ; mais ils n'ont pas voulu admettre que cette sensation fût la cause déterminante du tourner.

C'est alors à l'appui de la rêne sur l'encolure qu'ils ont accordé la faculté de faire tourner le cheval.

Leur théorie était de dire que le cheval tournait à droite par l'appui de la rêne gauche sur l'encolure, quoique la barre gauche fût plus impressionnée que la droite.

Pour admettre un pareil système, il faudrait donc supposer que la bouche est dépourvue de toute sensibilité, et qu'un mors de devant en arrière qui lui laisse la facilité de se relever ou s'allonger, en raison des actions de la main, et quand, au contraire, on a modérément fléchi ses parties latérales, l'encolure acquiert un soutien, une rectitude qui permettent d'obtenir tous les déplacements de l'avant-main, sans que les mains du cavalier paraissent agir.

---

qui agit sur les barres a moins de valeur qu'une rêne qui effleure l'encolure.

Les essais que l'on a faits sur des poulains ne prouvent rien et ne peuvent rien prouver, car le cheval qui n'a jamais eu de mors dans la bouche ne rendra pas ses effets d'une manière régulière, soit que l'on ouvre, que l'on appuie ou que l'on tire la rêne.

Il faut d'abord habituer le cheval au contact du mors, et ne pas faire d'essai, tant qu'il ne le considère que comme instrument de supplice auquel il cède en reculant à outrance, ou contre lequel il se raidit en s'en allant à la désespérade.

L'essai de la rêne contraire devra également échouer sur des chevaux de voiture si, préalablement, on n'a pas ralenti le cheval sur lequel on expérimente, et si l'on n'a pu rendre l'encolure assez flexible pour la faire refluer du côté où l'on veut tourner ; car un semblable cheval est toujours placé et rêné de façon à avoir l'encolure le plus raide possible, afin de ne répondre qu'aux effets de la rêne directe.

Par opposition à ce dernier essai, qu'on attèle un cheval de selle dont l'encolure aura été rendue très-flexible, on verra ce qui arrivera, si on n'a pas cherché, par l'enrênement, à rendre de la raideur à cette encolure.

La rêne directe, alors, pourra produire le résultat contraire à celui qu'on désire atteindre, car en tirant sur cette rêne, on peut ramener la tête, plier l'encolure et charger ainsi l'épaule du côté opposé à celui où l'on veut tourner, c'est-à-dire faire dévier le cheval à gauche, lorsque l'on croit agir pour le tourner à droite.

Devra-t-on conclure de ce résultat que l'action de la rêne directe est une action fausse ?

La tête et l'encolure étant maintenues droites et dans l'axe du cheval, le moindre effet d'appui et de traction suffit pour attirer ou pousser le gouvernail, qui, par le déplacement le plus imperceptible de son poids, change immédiatement la direction d'une manière d'autant plus certaine que la rêne opposée vient aider, soutenir, ou rectifier les effets de la rêne qui agit ; l'action des deux rênes doit nécessairement amener une exécution plus sûre et plus précise, lorsque leurs effets sont combinés de telle sorte qu'elles tendent à amener le même déplacement.

Ainsi, par exemple, le tourner à droite étant demandé par l'effet de la rêne gauche en même temps que par la traction de la rêne droite, il doit être nécessairement exécuté avec plus de certitude, attendu que l'association de deux moyens qui doivent amener un résultat identique vaut mieux qu'un seul. Si l'action d'une rêne produit un déplacement plus marqué que celui qu'on aurait voulu obtenir, la rêne opposée peut, par une action contraire, contrebalancer ce déplacement et le maintenir dans la position où l'on a voulu l'engager.

Supposons que la rêne gauche, par son appui, ait porté la tête et l'encolure trop fortement à droite, la rêne droite, en se maintenant ou se portant à gauche, servira de correctif pour atténuer le premier effet.

De ces simples explications nous devons conclure que, toutes les fois que l'on agit plus sur une rêne que sur l'autre, pour déterminer un mouvement, il faut que cette dernière soit relâchée le moins possible, afin qu'on puisse la faire agir immédiatement et sans produire d'à-coup, pour rectifier ou aider le mouvement de la première.

On comprend maintenant que, si l'encolure est trop assouplie sur ses parties latérales, non-seulement on retire au cheval la franchise des allures, puisque l'encolure perd sa puissance comme bras de levier, mais encore on rend les moyens de conduite incertains et l'accord des rênes beaucoup plus difficile.

En effet, si nous supposons un cheval marchant à main droite, et dont l'encolure très-flexible sera pliée à droite, le seul moyen de le diriger ou de le tourner à droite, sera de se servir de la rêne contraire (la rêne gauche), la rêne directe (c'est-à-dire la rêne droite) ayant perdu, par ce pli outré de l'encolure, toute sa valeur pour attirer le cheval à droite. Voici donc une aide de moins.

Mais il y a plus ; car pour que la rêne gauche puisse produire un effet efficace, il faut nécessairement que la tête du cheval, qui était portée à droite, soit redressée pour changer la disposition de l'encolure. Quel arc de cercle n'a-t-on pas alors à faire parcourir à la tête, pour la placer dans les conditions voulues pour obtenir ce tournant! On perd nécessairement beaucoup de temps et l'on peut souvent échouer ; car la masse, une fois fortement engagée dans une voie, ne se déplace pas aussi facilement qu'on le pense.

De l'action de la main sur l'arrière-main.

On a déjà démontré l'action de la main pour obtenir le mouvement rétrograde; mais la main peut produire sur l'arrière-main d'autres effets.

Ainsi, dans le reculer, tel que nous l'avons expliqué, si la rêne droite, par exemple, avait plus agi que la gauche, elle aurait dirigé le poids de la masse de l'épaule droite sur la hanche gauche et forcé l'arrière-main à se diriger à gauche.

C'est donc de l'action inégale de la main que l'arrière-main du cheval recevra cette direction nouvelle. Si le cheval est mis en mouvement et que son encolure reste droite et inflexible, l'action plus marquée de la rêne droite, en ralentissant le développement de l'épaule droite, fera encore refluer une partie de la masse de cette épaule sur la hanche gauche et engagera ainsi le cheval dans un mouvement oblique de l'arrière-main.

Enfin, l'action de la rêne droite prédominant toujours, peut produire un résultat mixte. Si l'encolure, au lieu de rester inflexible, se ploie assez à droite pour charger du poids de la masse l'épaule gauche, alors le poids de l'épaule droite, au lieu de refluer en entier sur la hanche gauche, se répartira sur celle-ci et sur l'épaule gauche, et engagera ainsi l'avant et l'arrière-main dans un mouvement oblique ou latéral.

C'est ce que nous avons expliqué tout à l'heure aux effets de la rêne d'opposition.

Aides des jambes.

Les jambes sont les agents principaux de la conduite de l'arrière-main ; leur action s'étend depuis les jarrets jusqu'aux talons ; elles ont d'autant plus d'effet qu'elles embrassent le corps du cheval par une plus grande portion de leur étendue.

Les effets des jambes sont relatifs au degré de sensibilité du cheval qui en reçoit les impressions.

Toutes les fois que les jambes agissent, l'effet que l'animal en ressent provoque la détente de ses jarrets qui détermine la pulsion de la masse d'arrière en avant. Cette masse, tendant à sortir alors de la base de sustentation, force les jambes de devant à se porter en avant pour l'étayer, et ainsi la marche en avant est produite, si toutefois la main permet le mouvement dans cette direction.

Une pression égale des deux jambes, agissant par une même somme de force, empêche l'arrière-main de dévier à droite ou à gauche et produit le mouvement rectiligne de l'arrière-main.

L'action d'une seule jambe, tout en provoquant le mouvement, force le poids de l'arrière-main à se porter du côté opposé. Ainsi, par exemple, si le cavalier fait agir la jambe gauche, il produit sur la masse deux effets, le mouvement général de la masse en avant et le mouvement par côté de l'arrière-main à droite, c'est-à-dire du côté opposé à celui où s'exerce la pression.

Ainsi, la force aura été décomposée en deux forces,

l'une agissant d'arrière en avant, et l'autre de gauche à droite, ce qui explique le mouvement oblique de la masse d'arrière en avant.

Enfin, si l'action de la main est telle qu'elle contrebalance celle de la jambe, et empêche ainsi la production du mouvement en avant, la force de la jambe, n'étant plus décomposée, produira un déplacement plus prompt et plus étendu de l'arrière-main dans le sens opposé à l'action de cette jambe.

Nous venons de voir que l'action des jambes détermine le mouvement progressif rectiligne ou latéral. Mais leur rôle ne se réduit pas à agir sur l'arrière-main pour en changer la direction latérale ; elles donnent aussi aux extrémités postérieures, relativement au centre de gravité, une position telle, qu'elles concourent à produire et à diriger le mouvement rétrograde.

Mouvement rétrograde de l'arrière-main.

Dans le cas où la main aurait arrêté l'impulsion de la masse en avant et l'aurait fait refluer de l'avant sur l'arrière-main, si les extrémités postérieures étaient restées en arrière, de manière à arc-bouter la masse, son mouvement rétrograde deviendrait impossible. Pour l'obtenir, il faudra que le cavalier fasse agir les jambes pour engager les extrémités postérieures sous la masse. Alors l'action de la main, venant à solliciter le déplacement d'avant en arrière, mettra le cheval dans la nécessité de porter ses membres postérieurs en arrière pour étayer la masse, ce qui produira le mouvement rétrograde.

Si la main avait agi de manière à faire trop refluer la masse d'avant en arrière et à lui imprimer un mouvement trop rapide, les jambes devraient agir pour ralentir ce mouvement en lui imprimant une direction opposée.

Ainsi, dans ce cas, les jambes auront agi dans un sens opposé à celui du cas précédent, puisqu'elles auront fait refluer la masse d'arrière en avant.

Il pourrait donc arriver que la main, dans une action inégale, eût trop porté la masse sur la hanche droite ou sur la gauche, ce qui engagerait l'arrière-main dans une direction oblique.

Pour remédier à cet inconvénient, le cavalier, en fermant la jambe du côté où la masse se sera portée, la chassera sur la hanche opposée, et rétablira la direction régulière que la main avait voulu imprimer.

Accord des aides des jambes.

Toutes les fois qu'une jambe agit plus que l'autre, pour imprimer un mouvement latéral à l'arrière-main, celle-ci doit recevoir la masse pour maintenir ou rectifier le mouvement de la première. D'où il faut conclure que les deux jambes doivent toujours être assez près du corps du cheval pour agir sans à-coup et se prêter un mutuel secours.

Accord des aides des mains et des jambes.

On entend par l'accord des mains et des jambes la combinaison raisonnée de leur action, de telle manière que l'effet de la main soit toujours coordonné avec celui des jambes et *vice versâ*.

Nous avons démontré que toutes les fois qu'une rêne avait une action prédominante sur l'autre, de manière à imprimer un mouvement quelconque, l'autre rêne était employée à modifier, soutenir ou régulariser ce mouvement, et que quand une jambe agissait, l'autre servait à soutenir, régulariser ou modifier cette action. De même aussi, pour l'exécution du mouvement rectiligne, soit en avant, soit en arrière, quand les jambes provoquent le déplacement de la masse, les mains le reçoivent pour le modifier, le soutenir, le régulariser, et les jambes doivent agir de la même manière par rapport à la main, lorsque c'est elle qui a mis la masse en action.

On voit que dans le mouvement rectiligne progressif ou rétrograde, en imprimant à la masse un mouvement dans l'une ou l'autre de ces deux directions, on produit le flux et le reflux de cette masse. Si donc on voulait ou régulariser l'allure, ou diminuer la vitesse, ou centraliser les forces, ce serait toujours par l'application de ces mêmes moyens, qui, en raison du résultat que l'on voudrait obtenir, seraient employés avec plus ou moins d'effet.

Ainsi, le cheval chez lequel on a rendu les mouvements trides et cadencés, est celui dont on a centralisé les forces par cette action bien combinée du flux et reflux de la masse. Si l'on avait fait abus de ces moyens de centralisation de force, de telle manière que la main, par son action d'avant en arrière, provoquât dans ce sens un déplacement de masse aussi grand que celui que les jambes provoqueraient en même temps dans le sens contraire, ces deux actions, tout en mettant en jeu la force musculaire, ne produiraient ni le mouvement en avant, ni le mouvement en arrière, et amèneraient infailliblement la défense du cheval.

Nous venons de voir qu'en opérant le flux et le reflux de la masse dans le mouvement rectiligne, progressif ou rétrograde, les deux rênes ont agi par une somme de forces égales, et qu'il en a été de même de chaque jambe ; il nous reste à parler maintenant de l'accord qui doit exister dans l'action séparée d'une rêne ou d'une jambe, pour s'aider ou se suppléer.

Ainsi, supposons que la jambe gauche du cavalier agisse pour faire dévier l'arrière-main du cheval à droite ; cette action de la jambe peut être secondée par la résistance plus marquée d'avant en arrière de la rêne gauche qui, agissant sur l'épaule gauche du cheval, fait refluer le poids de la masse sur la hanche droite, ce qui fera échapper cette dernière à droite. Si l'action de la jambe gauche était telle que les hanches s'engageassent plus à droite que le cavalier ne pourrait le désirer, la résistance plus marquée d'avant en arrière de la rêne droite, faisant refluer le poids de l'épaule droite sur la hanche gauche, viendrait atténuer l'action de la jambe gauche. Dans ce cas, la rêne droite viendrait régulariser le mouvement trop marqué que la jambe gauche avait provoqué.

Si, le cheval étant mis dans un mouvement très en avant, on voulait lui faire dévier les hanches à droite en se servant de la jambe gauche, l'action de cette jambe pourrait provoquer alors une augmentation de vitesse, sans faire dévier l'arrière-main. Dans ce cas il faudrait plutôt employer la résistance d'avant en arrière de la rêne gauche, pour agir sur l'arrière-main ; car, outre que l'action d'avant en arrière de cette rêne rapportera le poids de l'épaule gauche sur la hanche droite et la fera dévier, cette action, en ralentissant le mouvement en avant, placera encore le cheval dans la condition voulue pour opérer le mouvement latéral de l'arrière-main.

Si une rêne peut seconder et suppléer, comme nous venons de le voir, l'action d'une jambe, de même une seule jambe peut seconder l'action de la main. Ainsi, par exemple, si la main agit de manière à ralentir le mouvement de l'épaule droite, afin de faciliter le développement de l'épaule gauche, la jambe droite du cavalier peut aider ce mouvement en agissant sur la hanche droite, qui portera sur l'épaule gauche le poids de la masse.

Si la main veut déterminer le tourner à droite, la jambe droite, en augmentant son effet, aidera encore ce mouvement en poussant l'arrière-main à gauche et en portant ainsi le poids de la hanche droite sur la gauche, ce qui engage l'arrière-main dans un mouvement latéral à gauche et l'avant-main à droite.

De même si, dans un mouvement circulaire à droite, obtenu par la direction que la main aura donnée à l'avant-main et par l'action de la jambe droite qui aura jeté les hanches à gauche, le cheval, cédant à la force centrifuge, laisse trop tomber ses hanches à gauche, la jambe gauche, en agissant et en combattant le trop d'effet de la droite, viendra seconder l'effet de la main, en renvoyant, par son action, le poids de la hanche gauche sur l'épaule droite, ce qui contribuera à reporter l'avant-main ainsi que l'arrière-main sur la ligne circulaire dont la force centrifuge l'avait fait sortir.

Du mouvement rectiligne en avant, relativement aux moyens d'augmenter ou de diminuer la vitesse.

Les jambes agissant pour porter le cheval en avant, le déplacement de l'avant-main fait que l'encolure tend à s'allonger et le bout du nez à venir en avant, ce qui augmente l'appui du mors sur les barres, si la main du cavalier est restée fixe. C'est cet appui qui établit la correspondance continuelle qui doit exister entre la bouche du cheval et la main du cavalier, pour indiquer la direction et régulariser la vitesse. Si, contrairement à la volonté du cavalier, un trop grand déplacement de masse avait été provoqué par les jambes, la main, ayant senti cet effet, devrait faire refluer, par une résistance plus marquée d'avant en arrière, l'excédant du poids qui s'engage en avant.

Comme c'est toujours en raison du déplacement de la masse en avant que le cheval prend sur la main un appui proportionnellement plus grand, si, dans ce cas, la main, au lieu de rejeter en arrière le poids qui lui arrive, se contentait de le recevoir ou de le supporter, cet appui que le cheval prendrait alors sur la main concourrait à augmenter la vitesse, toujours en raison du soutien que la main donnerait à la masse.

Ainsi, c'est par le soutien que l'on offre à la bouche du cheval que l'on augmente la rapidité du cheval de course. C'est encore cet appui qu'un cavalier inexpérimenté provoque ou laisse prendre, qui fait que le cheval s'emporte.

Le ralentissement de la vitesse peut donc s'obtenir ou par la résistance de la main ou par son défaut d'appui. On a recours à ces moyens, qui semblent se contredire, en raison du déplacement de la masse et des moyens qui restent à la disposition du cavalier pour la gouverner. Ainsi, par exemple, le mouvement de la masse étant trop grand, le cavalier peut, par la résistance de la main, faire refluer le poids de l'avant-main sur l'arrière-main, de manière à prendre sur la vitesse, à la modérer et conserver ainsi les moyens de gouverner le cheval.

Si la main n'avait agi que comme point d'appui, et que le déplacement de la masse fût tel que le cheval en eût abusé, il faudrait alors, pour reporter sur l'arrière-main le poids de la masse trop engagée en avant, refuser au cheval ce point d'appui. L'animal, ne pouvant plus s'y confier, serait obligé de se soutenir lui-même, et, par son instinct de conservation, ferait refluer une partie de son poids de devant en arrière, ce qui diminuerait nécessairement la vitesse. Alors, les arrêts que le cavalier formera deviendront d'autant plus efficaces pour reporter la masse en arrière que le cheval se sera déjà mis lui-même dans les conditions voulues pour mieux y répondre.

L'appui du mors ayant été suspendu, la reprise de son action deviendra nécessairement plus intense, et aura par conséquent plus de valeur pour rejeter la masse en arrière.

Si, dans un cas exceptionnel, on avait voulu augmenter la vitesse dans une proportion telle que l'on dût offrir un fort point d'appui à la bouche du cheval, pour conserver alors sur lui les moyens de domination, on lui offrirait le point d'appui sur le filet, afin que le mors, dont l'action est plus puissante, donne au cavalier un moyen de maîtriser son cheval et de régulariser plus tard ses mouvements.

En résumé, les résistances et les abandons de la main ont pour but d'amener le cheval à prendre sur la main le soutien constant qui doit servir à le diriger et à maintenir ses allures régulières. Ces résistances et ces abandons alternatifs s'emploient, comme nous l'avons dit, dans des cas exceptionnels, Dans l'état normal, le rapport entre les mains du cavalier et la bouche du cheval doit être continu, léger, plus ou moins marqué toutefois en raison du déplacement de la masse.

DEUXIÈME PARTIE.

Rassemblez vos chevaux. — Explication du rassemblé en place et en mouvement. — Doublez. — Changez de main en prenant les hanches. — Contre-changement de main. — Demi-volte successive. — Demi-volte renversée. — Volte sur les hanches. — Demi-volte individuelle. — Demi-tour. — Demi-tour par pirouette. — Emploi du filet. — Répétition du travail précédent en pliant le cheval pour le placer à la main à laquelle il marche. — Le placer d'abord avec la rêne de la bride. — Le placer avec la rêne du filet. — Départ au galop, le cheval placé à la main à laquelle il marche. — Changement de pied en l'air.

Rassemblé en place.

Au commandement :

Rassemblez vos chevaux,

Les cavaliers augmenteront progressivement la pression des jambes pour imprimer à la masse un léger mouvement que la main recevra en s'assurant et s'élevant un peu. Ces deux actions doivent se produire presque simultanément, avec légèreté et par une somme de force égale, afin que le déplacement en avant ou en arrière ne puisse pas se produire.

Ces deux actions combinées, ne permettant pas à la masse de se déplacer, auront déterminé l'arrière-main à s'engager sous la masse et l'avant-main à se redresser.

Cette double action aura pour but de centraliser les forces et de mettre le cheval dans les conditions voulues pour exécuter également à la demande du cavalier, le mouvement progressif ou rétrograde.

On commandera :

Marchez au pas.

Le cheval maintenu comme nous l'avons dit précédemment, les jambes agiront alors par une somme de force plus grande, qui mettra en jeu la force inerte et produira le mouvement en avant ; pour aider le déplacement, la main pourra diminuer son soutien, sans pourtant cesser de conserver son contact avec la bouche du cheval, ce contact étant indispensable pour indiquer la direction d'une manière précise.

Rassemblé, les chevaux étant au pas.

Les chevaux étant sur la piste, on commandera :

Rassemblez vos chevaux au pas.

Le rassemblé au pas s'exécutera d'après les principes énoncés dans le rassemblé en place, en ayant soin de combiner l'action des mains et des jambes, de telle sorte que la force inerte, tout en décidant le mouvement en avant, ne domine pas la force musculaire, mais qu'elle soit, au contraire, régularisée par elle.

Nous savons que la main peut agir dans deux

but diamétralement opposés, savoir : que, d'une part, elle peut seconder le mouvement de l'arrière-main en permettant à l'encolure de s'allonger pour augmenter un effet comme levier et offrir en même temps son appui à la masse, et, d'autre part, que la main neutralise l'action de l'arrière-main, lorsqu'en agissant d'avant en arrière, elle détermine le raccourcissement du levier de la tête et de l'encolure, ce qui restreint d'autant plus le mouvement de cette force.

Lorsque la main aura maintenu la tête et l'encolure, pour en diminuer la puissance comme levier, et que les jambes auront engagé les extrémités postérieures sous la masse, les mouvements étant ainsi rassemblés se passeront en hauteur et le cheval sera plus léger à la main.

Il peut arriver que, par un trop grand effet de rassemblé, le mouvement en avant soit par trop diminué et que le cheval soit disposé à l'arrêt ou au mouvement rétrograde. Dans ce cas, la main doit se baisser un peu pour permettre à l'encolure de s'allonger, afin d'augmenter le mouvement progressif sollicité alors par les jambes : elle s'assurera ensuite pour recevoir, maintenir et régulariser ce déplacement de la force inerte.

OBSERVATIONS.

La cavalier doit se pénétrer que la main devant servir de guide au cheval, il faut qu'elle soit toujours en rapport avec sa bouche. Il doit chercher à la maintenir toujours fixe et légère, pour que les arrêts puissent se produire sans effets brusques, quelle que soit l'allure à laquelle on marche ; quand il en est autrement, c'est-à-dire lorsque les actions de la main sont incertaines, le cheval bat généralement à la main, surtout lorsqu'il a de la sensibilité dans l'arrière-main.

L'appui que le cheval vient prendre sur la main est, comme nous l'avons dit, produit par le déplacement de la force inerte ; c'est cette force dont l'emploi est indispensable, qui détermine le mouvement en avant ; et il faut, en conséquence, savoir la faire agir par degré, avec mesure ; vouloir trop la restreindre serait un inconvénient plus grave que de la laisser trop se développer ; car, en la restreignant, le mouvement en avant ne pourrait s'exécuter que par une action très-puissante des jambes, ce qui fatiguerait promptement le cavalier et ferait exécuter au cheval des mouvements presque sur place. La main resterait alors impuissante à indiquer les directions, son contact avec la bouche du cheval étant presque nul et n'ayant, en quelque sorte, de valeur que pour jeter le cheval dans le mouvement rétrograde. Tandis que, si l'on engageait trop la force inerte, le seul inconvénient qui pourrait en résulter serait de précipiter l'allure ; mais, au moins, le mouvement en avant serait accompli avec certitude et sans peine pour le cavalier.

Comme la première de toutes les conditions est d'indiquer au cheval d'une manière positive la direction qu'il doit suivre, et cette direction ne pouvant être obtenue que par la main, il vaut mieux que le cheval soit un peu plus porté sur la main, que de rester, si nous pouvons nous exprimer ainsi, en arrière de la main, ce qui arrive toutes les fois que la force inerte n'est pas assez engagée dans le sens de la progression.

Au trot et au galop, le rassemblé s'obtiendra par les moyens que nous venons d'indiquer.

En combinant l'emploi des aides avec le degré de moyens de chaque cheval, on obtiendra la régularité, le soutien, l'enlevé, la cadence des allures, et on augmentera la puissance du cavalier.

Dans tout le travail qui va suivre, où nous indiquerons la manière d'obtenir tous les mouvements qu'il peut être nécessaire de demander au cheval, ce sera l'emploi bien combiné des forces inertes et musculaires qui produira l'exécution précise et élégante de ces mouvements.

Doublé.

Les chevaux étant au pas et rassemblés à cette allure, chaque passage de coin ou chaque changement de direction s'exécutera par un mouvement préparatoire.

La main, ayant à indiquer les changements de direction, a besoin, dans ce cas, d'avoir un rapport plus certain avec la bouche du cheval : elle s'assurera alors, et les jambes agiront avec un peu plus de force pour augmenter le soutien sur la main. La main, étant plus en rapport avec la bouche du cheval, disposera du poids de la masse envoyée par les jambes et l'engagera dans la direction nouvelle. Une fois le tourné exécuté, les jambes diminueront leur action, et la main, conservant son soutien, renverra sur l'arrière-main l'excédant de poids que les jambes lui avaient envoyé pour favoriser le changement de direction. Ces actions doivent se répéter toutes les fois que l'on change de direction.

Après avoir marché plusieurs tours à main droite et avoir doublé à cette main, l'écuyer commandera :

Préparez-vous à changer de main en prenant les hanches.

L'exécution de ce mouvement s'opère encore par un emploi bien combiné des forces inerte et musculaire.

Au commandement préparatoire, les jambes augmenteront leur action et la main s'assurera afin de concentrer encore davantage les forces du cheval, ce qui, en rendant les mouvements plus élevés, diminue la vitesse.

Au commandement : *Changez de main*, la main, tout en restant assurée pour empêcher le mouvement en avant de se produire, se portera un peu à droite, pour engager les épaules de ce côté ; en même temps la jambe gauche augmentera son action pendant que la droite diminuera la sienne, pour permettre à la hanche droite de s'échapper à droite.

Cette combinaison d'action, qui ralentit le mouvement en avant, et qui porte la masse sur l'épaule et la hanche droites, détermine le mouvement oblique. Le cheval ainsi disposé, le changement de main se règle par le soutien de la rêne et de la jambe droites. Si l'on veut prolonger le mouvement pour empêcher le cheval d'appuyer à droite avec trop de précipitation, la main diminuera son action résistante et la jambe droite agira avec plus de puissance, afin de renvoyer la masse sur les épaules et de pousser le cheval en avant.

Arrivé au point où l'on veut terminer le changement de main, les actions des jambes s'égaliseront et la main restera fixe et placée dans la direction que l'on veut suivre. Après avoir exécuté ce travail à main gauche, on le répétera à main droite.

OBSERVATIONS SUR LA MARCHE OBLIQUE.

Dans la marche oblique, la force musculaire doit être beaucoup mise en jeu, afin de rendre les mouvements élevés; on doit aussi éviter de trop engager la force inerte dans un mouvement peu familier au cheval. Si la masse n'était pas très-maintenue, son déplacement pourrait se produire avec trop de précipitation, ce qui désordonnerait l'exécution de ce travail. Généralement, toutes les actions qui tendent à produire un mouvement doi-

vent toujours trouver leur contre-poids dans les
actions qui peuvent produire les effets contraires,
c'est-à-dire que toutes les fois qu'une action se
manifeste, il faut qu'elle trouve son soutien et sa
rectification dans l'action opposée. Ainsi, les jambes agissent-elles pour pousser le cheval en avant,
la main devient le soutien de cette action et peut
au besoin la rectifier. La main agit-elle pour porter le cheval en arrière, les jambes soutiennent
l'action de la main et peuvent ainsi atténuer ses
effets. De même, quand la rêne droite agit, la
gauche devient le soutien et peut contrebalancer
son effet; il en est ainsi pour les jambes : la jambe
droite agit-elle pour engager l'arrière-main à
gauche, la jambe gauche sert de soutien et fait
que ce déplacement se produit graduellement et
sans surprise.

Dans tous les changements de direction auxquels on soumet le cheval, les effets d'aides peuvent souvent varier : l'action peut devenir soutien,
comme le soutien l'action ; on doit comprendre
alors combien il est nécessaire de n'engager la
masse que graduellement, car, si on la déplaçait
avec trop de force et sans la soutenir, le poids de
cette masse pourrait se produire avec une telle
précipitation que le cavalier n'aurait plus la puissance de la maintenir et d'en régler le déplacement.

Du contre-changement de main.

Le changement de main à gauche étant exécuté, les élèves étant revenus à main droite, l'écuyer commandera :

Préparez-vous à contre-changer de main.

Contre-changez de main.

Le commencement de ce mouvement s'exécute comme le changement de main à droite. Arrivé au point où le mouvement de retour doit s'opérer, la jambe droite, qui jusque là avait agi comme soutien, commence à agir pour contrebalancer l'action de la jambe gauche; les actions des jambes étant égalisées, la masse ainsi maintenue se portera en avant, la main se fixera en même temps et donnera aux rênes une action égale, afin que le cheval, se trouvant parfaitement droit, chemine un pas ou deux dans un mouvement direct; ensuite la main augmentera son soutien pour arrêter le mouvement en avant et se portera un peu à gauche pour engager les épaules de ce côté. La jambe droite agira alors pour engager l'arrière-main dans le mouvement oblique de droite à gauche, la jambe gauche servira de soutien à l'action qui lui vient de droite. On voit que dans ce mouvement il y a, à un temps donné, égalité dans l'action des aides et ensuite intervertissement complet dans leur manière d'agir, puisque celles qui ont été employées comme action pour engager la masse de gauche à droite, seront employées comme soutien alors que le mouvement de retour s'opérera ; c'est pourquoi il est nécessaire, pour que cet intervertissement ait lieu sans à-coup et sans surprises, que les aides, qui agissent par degrés, diminuent leur action à mesure que celles qui soutiennent augmentent la leur, de telle sorte qu'au moment où le cheval arrive au point où le mouvement de retour doit s'opérer, la masse inerte soit remise en équilibre, c'est-à-dire que, pendant un instant, elle ne soit engagée ni à droite, ni à gauche.

Généralement, toutes les fois que la masse est poussée dans une direction, on ne doit l'engager dans une direction contraire qu'après l'avoir préalablement replacée dans son équilibre ; en brusquant son déplacement, on ne peut que provoquer la désobéissance, ou hâter la ruine du cheval.

Le travail du contre-changement de main est excellent pour donner aux élèves une juste idée de l'accord des mains et des jambes et de la valeur des aides, comme action ou comme soutien.

Demi-volte successive.

Après avoir fait exécuter plusieurs fois ce travail à main droite, l'écuyer commandera :

Préparez-vous à exécuter les demi-voltes successives.

Le commencement de cette demi-volte s'exécute comme le doublé dans la longueur ; lorsque le cheval aura été maintenu parfaitement droit pendant

3 ou 4 mètres dans la ligne du milieu, la main et les jambes agiront comme il a été dit pour les changements et contre-changements de main.

Les contre-changements de main et la demi-volte exécutés aux deux mains, l'écuyer commandera :

Préparez-vous à exécuter la demi-volte renversée.

Ce mouvement commence comme le changement de main vient se terminer sur la ligne du milieu, à la hauteur du point où, dans la demi-volte successive, on entre dans le mouvement oblique.

Au commandement :

Renversez la demi-volte,

Le cavalier engage son cheval dans le mouvement oblique, comme il a été dit pour le changement de main ; mais n'ayant à parcourir que la moitié de la largeur du changement de main, on comprend que l'action qui dirige les hanches et les épaules doit être moins prononcée et que le soutien doit être un peu plus marqué, afin de ne pas forcer le mouvement oblique. Arrivé sur la ligne du milieu, à 3 ou 4 mètres de la petite piste, les actions s'égaliseront pour porter le cheval dans un mouvement direct ; et une fois sur la piste, on tournera à gauche (1).

---

(1) Ce mouvement est très-utile pour donner aux élèves une juste appréciation de l'accord des aides ; car, très-souvent, le cheval étant entré dans le changement de main, la masse s'engage de

Volte individuelle.

Revenu à main droite, l'écuyer commandera :
Préparez-vous à la volte individuelle.

Cette volte consiste à quitter le mur et à décrire un cercle qui vient se terminer au point de départ ; ce cercle doit être compris entre le mur et la ligne du milieu.

La volte s'exécute ou par le mouvement direct ou sur les hanches. Dans le premier cas, la main se porte par degré dans la direction du cercle et les jambes agissent également pour maintenir l'arrière-main et lui faire suivre le mouvement de l'avant-main. C'est l'action déjà indiquée pour le travail en cercle.

Volte sur les hanches.

Quand on veut obtenir la volte sur les hanches, les mains et les jambes agissent comme il a été dit pour le changement de main ; une fois le mouvement oblique entamé, la main continue de s'assurer et se porte par degré dans la direction du cercle ; les jambes augmentent leur action pour engager les membres postérieurs sous la masse ; la jambe

---

telle sorte dans le mouvement oblique qu'elle ne se remet en équilibre que lorsque le mur arrête le cheval. Le mouvement de la demi-volte renversée a pour but d'obliger l'élève à mesurer ses actions et à régler les déplacements de la masse.

gauche agira avec plus de puissance pour dévier l'arrière-main à droite et la faire marcher parallèlement et d'accord avec les épaules.

Le déplacement de l'arrière-main doit toujours être soutenu et réglé par le soutien de la jambe droite ; dans ce mouvement, où le déplacement en avant doit être très-restreint et où les hanches ont besoin d'être fortement engagées, il peut arriver que le cheval se jette dans le mouvement rétrograde ; on doit avoir soin alors d'alléger les effets de la main et d'augmenter l'action de la jambe droite pour reporter le cheval en avant.

Demi-volte individuelle.

La volte exécutée aux deux mains, on fera exécuter la demi-volte individuelle.

La demi-volte individuelle est un changement de main.

La courbe qu'elle décrit ne doit pas dépasser la moitié de la largeur de la volte et le quart de la largeur du manége ; le mouvement doit se terminer à trois ou quatre longueurs de cheval en arrière du point de départ.

Étant à main droite, l'écuyer commandera :

Préparez-vous à la demi-volte individuelle.

Demi-volte individuelle.

Les élèves renfermeront alors leurs chevaux, comme il a été dit à tous les commandements préparatoires.

c.

Au commandement :

Demi-volte,

Les cavaliers quitteront le mur par un mouvement circulaire, sans tenir les hanches; après avoir décrit un demi-cercle, ils se porteront deux pas en avant, les chevaux maintenus parfaitement droits et parallèlement aux grands murs du manége; la main alors s'assurera pour arrêter le mouvement en avant et diriger le cheval dans un mouvement oblique, afin de gagner le mur; les aides agissent alors comme nous l'avons indiqué précédemment pour le changement de main en tenant les hanches.

OBSERVATIONS.

Le mouvement de la demi-volte individuelle apprend à changer la répartition de la masse dans un espace très-circonscrit; ainsi, d'abord dirigée en avant, ensuite à droite pour le tourné, puis également sur chaque côté de l'avant-main, quand on porte le cheval en avant, elle se trouve placée presque en équilibre pour recevoir les impressions qui doivent l'engager dans le mouvement oblique.

Demi-tour par l'avant-main.

Le demi-tour est le changement de main le plus restreint : il peut s'exécuter ou par l'avant-main ou par l'arrière-main, ou bien encore en faisant agir simultanément l'avant et l'arrière-main.

Quand l'écuyer commandera :

Demi-tour à droite par l'avant-main,

Les cavaliers, après avoir rassemblé leurs chevaux, porteront la main à droite, pour faire décrire à l'avant-main un arc de cercle autour de l'arrière-main les jambes agiront en même temps, celle du dehors plus que celle du dedans pour fixer l'arrière-main qui servira de pivot.

Nota. Pour amener les élèves progressivement à exécuter ces demi-tours par l'avant-main, l'écuyer aura soin de les faire faire d'abord à la manière d'une demi-volte individuelle très-restreinte, afin d'empêcher le cheval de s'acculer.

Demi-tour par l'arrière-main.

Le demi-tour en avant ayant été exécuté plusieurs fois aux deux mains, on fera le demi-tour par l'arrière-main ; dans ce cas, l'arrière-main doit être seule mise en mouvement pour décrire son arc de cercle ; le mouvement en avant doit être complétement interrompu ; les membres antérieurs devront servir de pivot à ce mouvement.

Au commandement :

Demi-tour à droite par l'arrière-main,

Les cavaliers arrêteront le mouvement en avant et feront agir puissamment la jambe gauche pour porter l'arrière-main à droite.

A mesure que les hanches se dirigeront à droite,

la main, tout en se maintenant pour empêcher le mouvement en avant, se portera graduellement à gauche pour faciliter le déplacement de l'arrière-main à droite.

Indépendamment de l'utilité propre de ce travail, il trouve son application dans beaucoup de circonstances dépendant du terrain que l'on a à parcourir et des dispositions particulières du cheval.

Du demi-tour où l'avant et l'arrière-main participent ensemble à l'exécution du mouvement.

Dans ce cas, les mains et les jambes doivent agir avec un tel accord qu'avant l'exécution du mouvement, il n'y ait en jeu que la force musculaire, et que la force inerte soit complétement équilibrée, de manière à n'imprimer le mouvement ni en avant ni en arrière.

Le cheval ainsi préparé, la main se portera franchement à droite pour engager une partie de la masse sur l'épaule droite et faire tourner l'avant-main à droite, tandis que la jambe droite, agissant en même temps par une même somme de force, portera sur la hanche gauche le poids de la masse de l'arrière-main. Le cheval pirouettant ainsi sur son centre de gravité, il en résultera que les aides de soutien devront toujours se prêter à rectifier ce que les aides d'action auraient pu demander de trop.

Pirouette à droite ou demi-tour sur les hanches.

La pirouette diffère du précédent mouvement, en ce que la masse est portée sur l'arrière-main et que le mouvement se fait sur les hanches. Dans ce cas, les cavaliers assureront leurs mains pour reporter la masse en arrière; ils fermeront en même temps les jambes pour engager les extrémités postérieures sous la masse. La main, en continuant alors de se maintenir pour empêcher le mouvement en avant, se portera à droite pour diriger l'avant-main dans la direction du demi-tour. En même temps la jambe gauche agira pour engager l'arrière-main dans un mouvement oblique de gauche à droite.

Ces actions se produisent comme dans la volte, avec cette différence que le mouvement étant plus restreint, elles doivent être mises en œuvre avec plus de promptitude et d'énergie.

Tout le travail que nous venons d'indiquer, ayant été exécuté à une allure calme, mettra les élèves en état d'apprécier la valeur de leurs aides pour déplacer et soutenir la masse, quelle que soit la direction où l'on ait voulu l'engager.

Il faudra faire recommencer ce travail à la même allure, en exigeant que le cheval soit placé à la main à laquelle il marche.

Cheval placé.

On entend par un cheval placé à la main à laquelle il marche, celui qui, marchant à main droite, par exemple, aura les épaules engagées à droite et l'encolure un peu pliée du même côté.

Le cheval ainsi placé se trouvera dans les conditions les meilleures pour exécuter tous les mouvements qui pourront se faire à cette main.

Le cavalier doit donc placer son cheval à droite lorsqu'il aura à exécuter un mouvement vers la droite. Ainsi, par exemple, si un cavalier marche à la rencontre d'une personne pour l'aborder à droite, son cheval doit être placé à main droite. Si deux cavaliers marchent dans la même direction et veulent se parler, l'un place son cheval à droite et l'autre à gauche, afin de se diriger l'un vers l'autre.

Les à-droite, les conversions à droite, les demi-tours à droite s'exécutent en plaçant les chevaux de ce côté.

Lorsque l'écuyer commandera :

Préparez-vous à placer vos chevaux à droite,

Les élèves assureront leur main gauche, feront agir les jambes, plus particulièrement celles du dedans, prendront la rêne droite avec la main droite, les deux premiers doigts placés entre l'encolure et la rêne, les ongles en dessous.

Au commandement :

Placez vos chevaux à droite,

La main gauche se portera un peu à droite, pour

diriger les épaules et l'encolure à droite en même temps la main droite ouvrira la rêne droite pour attirer la tête à droite, et se portera ensuite graduellement en arrière pour produire sur la barre droite l'effet qui devra faire reculer la tête et plier l'encolure. Pendant que les mains agiront comme nous venons de le prescrire, les jambes entretiendront l'action du cheval, de telle sorte que le mouvement en avant se continue.

Une fois le pli obtenu, le cavalier doit s'attacher à bien accorder l'action des deux rênes ; la rêne gauche doit toujours seconder l'action de la droite. C'est toujours la rêne du dehors qui doit rectifier ce que la rêne du dedans, qui plie l'encolure, peut demander de trop. C'est encore la rêne du dehors qui règle la direction ; voilà pourquoi il est très-essentiel que la main de la bride reste toujours bien placée, afin qu'elle ne perde jamais son contact avec la bouche du cheval. La rêne du dedans indique le pli, le maintient et ne doit être employée que comme moyen secondaire pour changer la direction. Les premières indications doivent toujours partir de la rêne du dehors ; la rêne du dedans aide ou rectifie l'action de celle-ci, soit en s'écartant, soit en se rapprochant de l'encolure. Les aides des jambes, qui servent à provoquer le mouvement et à porter le cheval sur la main, peuvent aussi, en raison de la manière dont on les fait agir, aider à placer l'avant-main. Nous avons déjà expliqué, dans les principes généraux (*Accord des mains et des jambes*), comment les aides des jambes et des mains peuvent s'aider et se suppléer au besoin ; qu'il nous suffise de dire que les aides inférieures et supérieures doivent varier leur action et leur soutien entre elles, en raison de la manière dont la masse se meut et dont les forces sont mises en jeu. C'est le tact et le sentiment du cheval que le cavalier acquiert à la longue, qui le mettent à même d'apprécier toutes ces nuances, et qui lui font sentir l'avantage d'équilibrer les masses, de telle sorte que les actions les plus légères suffisent pour amener les déplacements les plus marqués.

Doublé, le cheval étant placé.

Lorsque l'on veut doubler à droite, le cheval étant placé à cette main, il suffit de la moindre action, du plus léger effet de la rêne pour déterminer le tourné à droite, auquel le cheval est déjà prédisposé, sa tête étant tournée dans cette direction. Si l'effet de la rêne gauche n'a pas suffi, l'ouverture un peu plus prononcée de la rêne droite décidera le déplacement, qui sera secondé encore par l'action de la jambe droite.

Changement de main sur les hanches.

Dans le changement de main sur les hanches, lorsque le cheval est placé à droite, la main droite, en maintenant le pli, atténue ou seconde le mouvement des épaules, pendant que la jambe droite régularise l'effet de la jambe gauche et porte le cheval sur la main.

Lorsque l'on change de main, le pli doit être conservé jusqu'à la fin du changement de main, en ayant soin de le diminuer à mesure que l'on approche de la fin du mouvement, de telle sorte qu'une fois arrivé sur la piste, l'encolure se trouve droite et disposée à recevoir graduellement le pli à gauche.

OBSERVATIONS SUR LE PLI DE L'ENCOLURE.

Il faut avant de placer le cheval, commencer par le mettre en mouvement ; le pli se demande lorsque le rapport entre la bouche du cheval et la main du cavalier est bien établi. Plus l'on veut allonger une allure, moins le pli doit être marqué ; il a même besoin de cesser d'exister lorsque l'on veut atteindre le développement complet de l'allure, afin que l'encolure retrouve toute sa puissance de levier pour engager la masse en avant ; de même, dans le mouvement rétrograde, il faut que l'encolure soit redressée pour porter la masse d'avant en arrière.

Le cheval raidit son encolure toutes les fois qu'il veut se soustraire à l'action du mors. L'élève, avant de chercher à donner à l'encolure la souplesse nécessaire, doit se rendre compte des causes qui portent le cheval à résister aux assouplissements, et il ne les exigera jamais que dans une juste mesure.

Ainsi, par exemple, un cheval ayant de mauvais

jarrets ou les reins faibles, raidira son encolure, parce que plus qu'un autre il a besoin de toute sa force de levier pour entraîner la masse en avant, et parce qu'il redoute l'action du mors qui tend à reporter sur l'arrière-main une grande partie de la masse. Dans ce cas, le cavalier, tout en combattant la raideur de l'encolure, doit pourtant lui laisser assez de force pour qu'elle puisse seconder les mouvements du cheval. Les aides des jambes doivent aussi redoubler d'action pour soutenir l'arrière-main et renvoyer le poids de la masse en avant; la main restera fixe et basse afin que l'encolure puisse se baisser, ce qui décharge d'autant l'arrière-main; la main doit éviter toute action d'avant en arrière ayant pour but de relever l'encolure et renvoyer du poids en arrière; elle doit se borner à offrir à la bouche un appui qui deviendra un soutien et une aide pour faciliter le déplacement.

Il en sera de même d'un cheval qui aura les barres trop sensibles, si, pour éviter l'action trop puissante du mors, il raidit son encolure afin de lutter contre ses effets; la légèreté de la main et l'action soutenue des jambes feront perdre à l'encolure cette raideur.

Une main trop dure fait aussi raidir l'encolure d'un cheval.

Enfin les chevaux lourds, manquant de moyens, ont besoin de s'aider de l'action de leur encolure pour faciliter l'exécution de leurs mouvements. Dans ce cas on doit lui laisser toute sa force et ne chercher à l'assoupir qu'avec beaucoup de réserve.

Lorsque les élèves auront bien compris la manière de maintenir le pli en parcourant les lignes droites ou obliques, et la mesure avec laquelle il faut agir, en raison des chevaux qu'ils montent, l'instructeur fera exécuter le travail du manége, déjà décrit, en conservant à toutes les allures des chevaux placés selon la main à laquelle ils marchent.

Le pli peut s'obtenir aussi avec le filet. On fera donc placer les chevaux alternativement avec la rêne du mors et avec celle du filet. Nous avons expliqué dans les principes généraux la valeur du filet dans la conduite du cheval.

Départ au galop, les chevaux placés.

Lorsque nous avons indiqué, dans la troisième leçon, le moyen de mettre le cheval au galop à droite, on a prescrit de porter la main en avant et à gauche. Par ce moyen on a fait refluer le poids de l'épaule droite sur la gauche; l'épaule droite ainsi allégée s'est trouvée dans les conditions voulues pour produire le mouvement, et l'on a engagé l'extrémité gauche de derrière sous la masse pour déterminer son appui.

Les moyens dont on vient de parler sont ceux-là mêmes dont le cheval fait usage lorsqu'étant en liberté, il veut se mettre au galop. Par là on justifie suffisamment leur valeur. Mais à mesure que l'on veut obtenir plus de justesse et de précision dans le travail, on peut arriver à faire partir le cheval en le maintenant placé à la main à laquelle il marche, sans rien changer aux conditions d'équilibre dans lesquelles il doit se trouver pour prendre le galop.

Ainsi, pour partir à droite, le cheval placé à cette main, la main de la bride (la main gauche) s'assurera pour empêcher l'avant-main de dévier à gauche ; elle marquera ensuite un effet d'avant en arrière sur la rêne gauche pour retarder le développement de l'épaule gauche ; en même temps la main droite continuera à marquer le pli avec la rêne droite.

Les jambes agiront simultanément pour décider le mouvement, en ayant soin de faire primer l'action de la jambe gauche et de la régulariser par la jambe droite, afin d'éviter que les hanches ne se traversent à droite.

On voit que dans le cas où l'on porte la main en avant et à gauche, comme dans celui où on a plié le cheval à droite, on obtient des effets identiques, savoir : d'arrêter le mouvement de l'épaule gauche en rapportant sur elle le poids de l'épaule droite qui, ainsi allongée, se trouve dans les conditions voulues pour exécuter le galop à droite.

OBSERVATIONS SUR LE DÉPART AU GALOP, LE CHEVAL PLIÉ A DROITE.

Il peut arriver que, par un arrêt trop marqué de la rêne gauche ou par le pli trop forcé à droite, la

masse, se trouvant trop portée sur l'épaule gauche,
reflue sur la hanche droite et fasse dévier l'arrière-
main à droite. Dans ce cas, la jambe gauche doit
cesser toute action, puisqu'elle ne ferait qu'augmenter le déplacement de l'arrière-main. La jambe droite
alors doit agir seule pour redresser les hanches et
pour pousser le cheval en avant.

C'est un semblable résultat qui a donné lieu de
croire que l'on devait faire partir un cheval à droite
par l'action de la jambe droite, tandis que ce n'est
que par exception que ce moyen doit être employé
et en raison de la manière dont les épaules sont disposées.

Changement de pied en l'air.

Lorsque le cheval change de pied du galop au
galop, il y a inversion complète et instantanée dans
la répartition du poids de la masse et dans l'ordre
dans lequel les jambes se meuvent.

Lorsque le cavalier veut exécuter un changement
de pied en l'air, il a besoin de concentrer toutes les
forces du cheval pour le préparer à une exécution
régulière de ce mouvement. Ainsi, par exemple, le
cheval galopant à droite, si l'on veut le faire galo-
per à gauche, la main doit augmenter son soutien
pour rassembler son cheval, et les rênes doivent
agir également, de manière à placer l'encolure
droite et reporter ainsi également le poids de la masse
sur l'arrière-main ; les jambes du cavalier agiront

en même temps avec une égale valeur pour maintenir l'arrière-main droite.

Le cheval étant ainsi placé, on augmentera en
même temps les actions des jambes et les arrêts de
la main en faisant primer les actions qui déterminent le galop à gauche. Ces effets d'aides ne doivent
diminuer que lorsque le changement de pied est exécuté. Le cheval, une fois à gauche, doit être placé
et maintenu à cette main, d'après les principes que
nous avons déjà expliqués.

OBSERVATIONS SUR LES CHANGEMENTS DE PIED EN L'AIR.

Que l'on veuille obtenir un changement de pied
en l'air, ou plusieurs de suite, il faut toujours que
le cheval soit rassemblé et replacé avant d'employer
les moyens qui déterminent les changements. En
agissant ainsi, la répartition du poids de la masse
s'opère alors par les indications les plus légères ;
tandis que, si par avance le cheval n'était pas assez
maintenu et rassemblé, il pourrait se désunir ou n'o-
pérer son changement de pied qu'en se traversant.

Le cheval qui se traverse dans l'exécution de ce
mouvement prouve, ou que son éducation est im-
parfaite, ou qu'il est monté par un cavalier qui ne
sait pas faire un juste emploi de ses aides.

Ce travail est utile, pourvu qu'on n'en fasse pas
abus. Il met l'élève dans le cas de sentir les mouvements de son cheval et de calculer ses actions.

Tous les chevaux ne sont pas également susceptibles de changer facilement de pied en l'air ; c'est au cavalier à savoir distinguer les dispositions qui tiennent, soit à la construction du cheval, soit à son degré d'énergie. Ainsi, les chevaux d'action qui se rassemblent facilement changent de pied au moyen des actions les plus légères ; il en est de même de ceux qui ont la susceptibilité dans l'arrière-main ; ils changent quelquefois de pied plus souvent qu'on ne le désire, afin de soulager les parties qui souffrent des actions trop dures de la main. Chez les chevaux où la masse est très-engagée en avant, qui sont lourds, peu sensibles, le changement de pied en l'air est beaucoup plus difficile à obtenir ; on ne doit le demander que lorsqu'au préalable on a assez rassemblé le cheval. Si l'on voulait exécuter les changements de pied sans suivre ces recommandations, il en résulterait qu'après avoir fait le changement de pied, l'allure pourrait acquérir une accélération que le cavalier ne pourrait pas souvent maîtriser. Aussi, avec de semblables chevaux, il faut se borner à demander le changement de pied terre à terre.

Des causes qui peuvent amener l'irrégularité dans l'équilibre du cheval et dans ses mouvements.

Nous avons vu la manière dont les aides doivent agir pour imprimer au cheval la position la plus favorable au développement ainsi qu'à la régularité de ses allures; nous avons cherché à faire apprécier avec quel discernement et quelle progression on doit faire usage de ces mêmes aides, dont l'application est sans cesse modifiée par les dispositions naturelles et la conformation même de l'animal; enfin une idée sur ce point important a été assez développée pour faire pressentir à nos élèves tout le soin dont les chevaux défectueux doivent être l'objet, et leur faire comprendre l'utilité d'une étude préalable des formes extérieures : étude que nous regardons comme un des plus sûrs moyens de diriger l'emploi judicieux des aides. En effet, la connaissance des défauts de conformation, des tares, amènera tout naturellement le cavalier à ménager les parties faibles aux dépens des fortes, et à mesurer ses exigences d'après les moyens relatifs ou absolus de l'animal défectueux. Après un tel examen extérieur, il existe encore une étude non moins importante et qui réclame le tact et le sentiment du cavalier. Elle consiste à se rendre compte des moyens du cheval en le montant, et à apprécier successivement sa force, son attitude de la tête et d'encolure dans le mouvement, sa soumission aux effets de mains et de jambe, enfin son caractère.

C'est en s'appuyant, je le répète, sur de tels indices que le cavalier peut calculer l'emploi des aides et donner à la main et aux jambes la valeur relative et réciproque qui amène l'harmonie en régularisant la position.

C'est, enfin, dirigé par ce tact et cette analyse des qualités et des défauts de son cheval que l'on pourra combattre victorieusement les résistances localisées dans certains points, et faire aux parties faibles et souffrantes des concessions prudentes, dans l'intérêt de la conservation tout autant que de l'éducation du cheval défectueux.

Nous citerons à l'appui de cette théorie quelques cas relatifs à l'irrégularité de la conformation.

Nous savons que le déplacement de la masse est une cause de mouvement; mais, quand le cheval se meut, la masse peut, par des causes particulières, s'engager outre mesure en avant ou se déplacer avec incertitude. Ainsi, par exemple, un cheval qui a l'encolure pesante, les épaules droites et chargées, se trouve dans des conditions telles que, lorsqu'on le mettra en mouvement, l'avant-main pourra se surcharger aussitôt du poids de la masse et produire un déplacement précipité. Pour obvier à ce mal, le cavalier doit relever l'encolure et la tête pour reporter du poids sur l'arrière-main, faire agir les jambes pour engager l'arrière-main, et n'offrir à la bouche que des arrêts légers, suivis d'abandon de la main.

Si, au contraire, le cheval avait l'avant-main élevée et puissante, et l'arrière-main faible, l'arrière-main étant dans ce cas surchargée, le mouvement en avant manquerait de franchise, si la main du cavalier ne restait pas fixe et basse pour engager l'encolure à se baisser et la bouche à prendre un soutien sur le mors, car le cheval a besoin alors de toute la puissance de levier de son encolure pour entraîner la masse en avant ; enfin si le cheval a de la susceptibilité dans l'arrière-main, son instinct de conservation pourra l'engager à se reporter sur l'avant-main ; en conséquence, lorsqu'il se mettra en mouvement, son encolure s'allongera pour augmenter la puissance de son levier et entraîner la masse en avant.

Si dans ce cas la main, pour combattre ce déplacement, agissait de manière à élever la tête et raccourcir l'encolure, ce qui tendrait à reporter sur l'arrière-main un poids qui la gêne et qu'il n'est pas en état de supporter sans souffrance, le cheval alors combattrait cette action de la main en raidissant son encolure pour lui rendre sa puissance comme levier, et porterait le bout du nez en avant pour annihiler les effets du mors ; on comprend qu'en laissant le cheval dans de semblables conditions, le cavalier perdrait tous ses moyens de domination sur lui. Pour obvier à cet inconvénient, on laissera la main fixe et basse pour permettre à la tête et à l'encolure de s'abaisser, et les jambes augmenteront leur pression pour pousser le cheval en avant et sur la main.

En agissant ainsi, on conservera à l'encolure toute sa valeur d'action comme levier, et on soulagera l'arrière-main, ce qui assurera les moyens de conduite du cheval.

Nous nous résumerons en disant que, dans cer-

tains cas donnés, les aides du cavalier doivent agir
de manière à alléger ou à soutenir les parties faibles, en faisant refluer sur les plus fortes l'excédant
du poids que celles-là ne peuvent supporter impu-
nément.

OBSERVATIONS.

Il importe de démontrer que la position de la
main doit être subordonnée à la conformation du
cheval et aux effets de conduite qu'on veut obtenir ; elle influe encore sur la durée des réactions, à
l'allure du galop particulièrement.

L'ancienne équitation recommandait de porter
la main haute et en avant. Cette prescription,
nécessaire sans doute pour les chevaux qu'on avait
à cette époque, trouve moins son application avec
ceux que nous montons aujourd'hui.

En étudiant tout ce qui a rapport à la cavalerie
du moyen âge, on reconnaît que les chevaux que
l'on montait à cette époque différaient par leur
conformation de ceux de nos jours. Les peintures
du siècle de Louis XIII et de Louis XIV, quoique
se rapportant à une époque plus rapprochée, nous
en donnent une juste idée en nous les représentant
sous leurs formes lourdes, avec des épaules chargées de chair et des encolures massives. Il est à
remarquer qu'ils étaient tous entiers. Or, il est
constant que de pareils chevaux exigeaient que
l'on cherchât à les relever et à soutenir leur masse

qui tendait à se porter en avant; c'est pourquoi on faisait alors usage d'embouchures très-dures ; de là aussi la nécessité de placer la main élevée, afin de rejeter sur l'arrière-main un poids qui tendait toujours à se porter en avant. Mais à présent nos chevaux étant devenus généralement plus fins, par suite du croisement avec des races d'un ordre supérieur, on a obtenu les garrots élevés, les encolures fines et déliées, les épaules très-relevées. Or, cette construction de l'avant-main tendant à surcharger le derrière, on en conclura que les moyens de conduite qui se rapportent à des chevaux ainsi conformés doivent être diamétralement opposés à ceux dont on a parlé d'abord.

Ajoutons qu'il est rare de trouver un cheval tellement parfait que toutes ses forces se balancent et s'harmonisent régulièrement ; que celui qui est fort et puissant dans son devant est souvent faible dans quelques parties de son arrière-main. C'est pourquoi il est nécessaire, lorsque l'on monte un cheval, de soulager la partie la plus faible aux dépens de la partie la plus forte.

On sait que l'allure du galop est formée de sauts répétés ; qu'à chaque temps, l'arrière-main, par sa flexion et son extension, pousse la masse en avant, et qu'il est nécessaire alors, pour produire cette allure, de ralentir le mouvement des épaules, de les élever, et de disposer par là l'arrière-main à agir pour pousser la masse.

On conçoit que cet enlevé de l'avant-main doit

être calculé en raison des chevaux que l'on monte. Car, si, en effet, l'arrière-main a besoin d'être surchargée pour provoquer la flexion, quelle que soit son extension, il ne faut pas ôter à cette arrière-main les moyens d'agir avec force et facilité.

Chez le cheval qui a l'avant-main basse et, par conséquent, surchargée du poids de la masse, il est bon de tenir la main haute, afin de rejeter sur le derrière assez du poids pour l'asseoir et provoquer cette flexion de l'arrière-main, sans laquelle le galop n'aurait pas lieu.

Mais avec celui qui a la tête haute et les épaules élevées, et qui se trouve naturellement assis, si vous éleviez la main pour le préparer au galop, vous affaisseriez par trop ses hanches et restreindriez tellement les mouvements de ses jarrets qu'il ne pourrait prendre cette allure, et, si vous persistiez à employer ces moyens, vous pourriez provoquer ses défenses ; tandis qu'ayant la main basse, l'arrêt qui diminuera le mouvement des épaules, reportera sur l'arrière-main assez de pesanteur pour provoquer le galop, tout en laissant aux hanches la position nécessaire pour l'exécution de cette allure.

Si, voulant passer d'une allure rapide à une raccourcie, on élève trop la main pour rejeter le poids des épaules sur les hanches, la tête et l'encolure se redressent et réagissent directement sur les reins et sur les jarrets, qui se trouvent écrasés d'un poids inaccoutumé. Dans ce cas, plus le cheval sera faible et sensible d'arrière-main, moins il sera disposé à se soumettre à cette nouvelle sujétion, ou, s'il y cède momentanément, il cherchera bientôt à faire reprendre à ses hanches et à ses reins la position élevée qui peut seule soulager ses jarrets. C'est donc dans ce moment de détente articulaire brusque et douloureuse qu'ont lieu des contre-temps d'autant plus durs que l'arrière-main aura été précédemment plus restreinte et plus affaissée par les effets de la main. Ces contre-temps se renouvelleront, du reste, autant de fois que les arrêts s'effectueront de la même manière et jusqu'à ce que la position de la tête et de l'encolure ait été rationnellement modifiée. Les jambes, dans cette circonstance, joueront un rôle important; car, en se fermant avec puissance, elles offriront un soutien à l'arrière-main; la tête du cheval, abaissée, permettra aux hanches de s'élever et de soulager les jarrets qui, cessant d'être forcés dans leur flexion, ne donneront plus lieu à cette extension brusque et répétée qui détermine les contre-temps.

Des sauteurs dans les piliers.

Les sauteurs dans les piliers ont toujours été employés dans les manéges; quoiqu'ils ne soient pas d'une nécessité indispensable à l'enseignement de l'équitation, il est utile de les faire monter aux élèves.

Comme les sauts que font les sauteurs ont beaucoup d'analogie avec ceux des chevaux qui se défendent, ils habituent les élèves à ne pas s'effrayer et leur apprennent à prendre la position voulue pour résister aux pointes, aux ruades ou aux bonds, en les forçant de mettre le liant nécessaire dans les reins pour permettre au corps de se porter en avant ou en arrière dans l'enlevé de l'avant ou de l'arrière-main.

Ces exercices les obligent encore à rechercher les points de contact des cuisses, des genoux et des gras de jambes, sans lesquels ils ne sauraient conserver leur tenue.

Dressage du sauteur dans les piliers.

Le travail du sauteur n'est autre chose qu'une série de sauts réguliers. Tous les chevaux ne sont pas susceptibles d'y être soumis; car, pour exécuter les bonds sur place, ils doivent joindre à une grande force de constitution de la souplesse et de la légèreté.

On commence le dressage du sauteur en le plaçant entre les piliers, la tête maintenue par un licol de force, auquel se fixent deux fortes cordes que l'on attache à chaque pilier ; elles doivent être assez longues pour que le cheval puisse se porter un peu en avant.

On se placera ensuite derrière lui avec la chambrière, pour le faire donner dans les cordes, c'est-à-dire pour le porter en avant. On fera ranger l'arrière-main à droite et à gauche, en lui montrant la chambrière du côté opposé à celui où on veut le diriger. S'il ne se dérange pas à cette indication, on fait agir la chambrière jusqu'à ce qu'il obéisse. On arrivera ainsi à le faire porter en avant et à lui faire ranger l'arrière-main par les seules indications de la chambrière, sans qu'il soit besoin de le frapper.

Ce premier mouvement ayant été obtenu, on fera toucher devant pour lui faire faire la courbette ; si les coups de cravache qu'on lui aura donnés sur le poitrail ou sur les avant-bras le font reculer, la personne qui tient la chambrière le frappera sur la croupe pour le porter en avant ; en le portant ainsi en avant, tout en étant maintenu par les cordes, il engage nécessairement ses jambes de derrière sous la masse, ce qui lui fera enlever l'avant-main. A mesure qu'il obéit, on le touche plus légèrement et l'on finit par ne plus l'exciter que du geste et de la voix.

Quand le cheval enlève facilement le devant, on essaie de lui faire détacher la ruade ; on le fait toucher alors sur la croupe ou sur les fesses avec la cravache ; dès qu'il a obéi, on le caresse et on recommence ainsi jusqu'à ce qu'il ait compris ces moyens. La personne placée derrière le sauteur, qui tient la chambrière, devra la faire agir s'il essaie de reculer.

Il est bon quelquefois, pour maintenir le sauteur

dans les cordes, de lui mettre un caveçon et d'en faire tenir la longe par un homme qui se place vis-à-vis la tête et l'attire à lui afin de l'empêcher de reculer.

Du moment où le cheval comprend ce qu'on lui demande, on le touche avec assez de légèreté pour l'avertir d'enlever l'avant ou l'arrière-main.

Pour obtenir la balottade, on frappe légèrement et alternativement devant et derrière.

Le cheval qui aurait les meilleures dispositions pour faire un sauteur se défendrait et ne sauterait pas si l'on agissait avec violence.

Le sauteur le mieux dressé est celui qui obéit aux moindres indications.

En résumé, avec les sauteurs, comme avec tous les chevaux, il faut du tact, de l'intelligence et de la patience.

Des défenses du cheval.

Si l'accord dans l'action des aides égalise les mouvements du cheval, en répartissant le poids de la masse d'une manière régulière, cet accord sert aussi à réprimer les défauts et même à les prévenir. L'action de ruer ou de se cabrer ne peut se prévenir que par un déplacement considérable de la masse en avant ou en arrière ; la manière dont le cheval dispose ses forces pour exécuter l'une ou l'autre de ces défenses permet au cavalier habile de les combattre. Il lui suffit de faire agir ses aides de manière à porter la masse dans le sens opposé à celui où le cheval les dispose pour exécuter la défense.

Quand le cheval veut ruer, la main doit s'élever et marquer une résistance pour reporter le poids des épaules sur l'arrière-main; les jambes doivent alors soutenir l'action de la main et engager l'arrière-main sous la masse.

Quoique le principe pour combattre la ruade soit d'élever la main, il y a souvent une exception à cette règle, c'est lorsque la ruade est produite par une trop grande sensibilité des jarrets ou une faiblesse de reins. Il faut alors laisser la main basse et pousser le cheval en avant.

Lorsque le cheval veut pointer, les jambes doivent agir alors avec vigueur pour le pousser en avant, afin de reporter la masse sur l'avant-main. La main restera fixe et basse pour recevoir et maintenir ce déplacement.

Que les défenses soient produites par la souffrance, par une mauvaise disposition du cheval, par un manque d'accord dans ses aplombs, ou enfin par la vue d'un objet qui peut l'effrayer, on fera avorter ses défenses, en quelque sorte, en le mettant en équilibre.

On comprend que si, par l'emploi bien calculé des aides, on peut réprimer les défenses, on peut aussi les provoquer par des actions fausses, irrégulières, qui rompent l'harmonie et la juste répartition des forces.

Un cavalier inexpérimenté les fait naître sans le savoir; l'homme habile les réprime, ou il peut encore les provoquer; mais c'est pour les régulariser, comme lorsqu'il veut dresser des sauteurs.

Des chevaux peureux ou sur l'œil.

Un cheval, sans se défendre, peut chercher à se soustraire momentanément aux aides du cavalier et à lutter contre leur action pour fuir un objet qui le surprend et qui l'effraie. Il suffit dans ce cas de maintenir la main avec fermeté dans la direction que l'on veut suivre, et d'augmenter l'effet des aides des jambes pour le maintenir et le pousser sur la main. Cette fixité, ce soutien de la main et ces effets plus puissants des jambes, doivent encore s'employer lorsque l'on veut diriger un cheval vers un obstacle.

Nous avons fait connaître à peu près tous les moyens que doit employer le cavalier pour diriger le cheval, pour régulariser et accorder ses mouvements. Ces principes doivent s'appliquer maintenant au travail extérieur; car cette régularité, cet accord doivent toujours exister, quel que soit le ralentissement ou l'accélération que l'on veuille donner aux allures.

Emploi du cheval à l'extérieur.

On ne saurait trop répéter aux élèves que les

principes qu'on leur a enseignés **au manége** sont susceptibles d'une application rigoureuse au travail du dehors.

Si le cheval employé à l'extérieur a besoin d'être moins restreint dans ses mouvements, afin d'être mis dans les conditions les plus favorables à la franchise et à la rapidité des allures, elles doivent être obtenues tout en le maintenant dans la dépendance parfaite des aides des mains et des jambes. Et, en effet, que l'on aille vite, doucement ou à une allure modérée, les aides doivent toujours régler, soutenir et accorder les mouvements du cheval. Ceci est vrai, non-seulement pour le cheval de manége, mais encore pour celui qu'on monte en voyage, à la guerre, à la chasse et même à la course. Ainsi la vitesse de cette allure ne s'obtient pas en abandonnant le cheval à toute sa fougue ; le jockey habile comprend très-bien que la rapidité ne se produit qu'à la condition d'accorder les mouvements de l'avant et de l'arrière-main ; il sait que plus les aides des jambes poussent le cheval en avant, plus la main a besoin de soutenir ce déplacement. Il assurera donc ses mains avec d'autant plus de force que les jambes enverront plus de poids en avant; s'il veut, au contraire, ralentir la vitesse pour ménager l'haleine de son cheval, il diminuera l'action des jambes et marquera sur la bouche des résistances d'avant en arrière, afin de reporter une partie du poids de la masse sur l'arrière-main ; il fera suivre ces arrêts d'abandons gradués, afin d'empêcher le cheval de

venir prendre sur la main cet appui qui lui est indispensable pour faciliter le développement de l'allure.

De même, lorsqu'il voudra arrêter complétement
le cheval, l'arrêt qu'il marquera sera suivi d'un
abandon complet, afin de lui refuser le point d'appui, le soutien qu'il cherche pour opérer son déplacement.

Du trot allongé.

Quelle que soit l'allure que l'on veuille développer, le soutien des mains est indispensable. Ainsi, le
trot ne peut, pas plus que le galop, obtenir son dernier degré de vitesse, si les mains n'offrent pas un
fort soutien à l'avant-main.

Le trot allongé est plus difficile à obtenir que
le galop, parce qu'indépendamment de l'appui
indispensable que les mains doivent offrir, elles
ont aussi besoin de régulariser le mouvement des
épaules pour éviter que le cheval ne prenne le
galop.

Nous savons que le galop a lieu aussitôt qu'une
épaule dépasse l'autre, et que le trot n'existe que
lorsque les battues sont égales et alternatives ; pour
maintenir le trot, la main doit donc entretenir l'égalité de ces battues. Ainsi, par exemple, supposons
un cheval poussé dans son trot, commençant à iné-
galiser le mouvement de ses épaules et laissant primer le côté droit ; dans ce cas la rêne gauche doit

rester fixe pour assurer le soutien de l'épaule gauche, tandis que la main droite marquera un arrêt sur la rêne droite pour retarder le développement de l'épaule droite, et le régler sur celui de la gauche. Une fois le mouvement régularisé, le soutien s'offre alors également des deux côtés.

On comprend que, pour activer l'épaule retardataire, il faut augmenter l'action de la jambe qui agit le plus sur cette épaule pour la pousser en avant, tandis que la main retarde l'autre ; dans le cas qui précède, ce serait la jambe droite qu'il faudrait faire agir avec plus de puissance, tandis que la gauche diminuerait son effet jusqu'à ce que le mouvement soit régularisé.

Quand on pousse un cheval à toute vitesse, soit au trot, soit au galop, l'appui que l'on offre pour aider son développement doit être donné sur le filet ; l'action du mors doit être réservée pour arrêter le cheval, le diriger et régler ses déplacements.

Si, contrairement à ce principe, on laissait prendre au cheval, sur le mors de bride, le fort appui dont il a besoin, les barres s'échaufferaient et ne sentiraient plus les effets qu'on aurait besoin de produire pour l'arrêter.

D'après ce que nous venons de dire, on voit que la conduite du cheval a besoin d'être comprise aussi bien pour le mener vite que pour le mener doucement. C'est en raison de la manière dont on engage et dont on soutient la masse que l'on augmente ou que l'on diminue la vitesse, et que l'on régularise les allures.

Tout en suivant cette règle indispensable, le cavalier doit en outre, dans le travail extérieur comme au manége, calculer les exigences en raison du plus ou moins de susceptibilité du cheval, de sa conformation et de ses défectuosités.

Du saut des obstacles.

Quand on veut faire passer un obstacle à un cheval, il est une condition première, c'est qu'il soit obéissant à l'action des aides, afin qu'il ne puisse se dérober.

Les moyens à employer pour le faire sauter dépendent essentiellement de la manière dont il se dispose pour passer l'obstacle; il ne peut y avoir pour cela de règles fixes et de principes absolus.

Il est des chevaux qui marchent avec franchise vers la difficulté, qui calculent d'eux-mêmes leurs forces ; avec de semblables chevaux, le cavalier doit cesser toute action et s'en rapporter en quelque sorte à leurs moyens. Il en est d'autres qui se précipitent avec une telle rapidité, que la masse se trouve engagée sur les épaules au moment de franchir, et que le reflux de l'avant sur l'arrière-main ne pouvant s'opérer ni assez haut ni avec assez de promptitude, le cheval bourre sur l'obstacle au lieu de le franchir. Dans ce cas, le cavalier doit faire cesser l'action des jambes, assurer et élever la main pour maintenir et préparer l'avant-main à s'élever au moment opportun.

Il en est qui arrivent avec incertitude, qui portent tout le poids de la masse sur l'arrière-main, de telle manière que, lorsque leur devant a passé l'obstacle, l'arrière-main, n'ayant plus la force de renvoyer le poids sur l'avant-main, s'affaisse sur l'obstacle, et il arrive alors que les jambes de derrière regagnent le sol les premières.

Le saut que fait un cheval en franchissant un obstacle devant s'opérer par un mouvement de bascule, l'avant-main s'étant enlevée la première, doit aussi regagner le sol la première ; l'avant-main s'abaisse pour permettre à l'arrière-main de s'enlever à son tour.

Le cavalier doit généralement augmenter l'action des jambes pour pousser la masse en avant et décharger autant que possible l'arrière-main. Les mains doivent rester fixes et basses, afin d'éviter toute action qui pourrait reporter du poids en arrière.

Dans toutes les hypothèses, au moment où le cheval a enlevé le devant pour franchir un obstacle, les mains doivent rester basses, afin d'éviter toute action d'avant en arrière, qui, renvoyant le poids de l'avant sur l'arrière-main, empêcherait celle-ci de passer. Ce n'est que lorsque les quatre pieds sont retombés sur le sol que le cavalier fait agir la main, soit pour ralentir, soit pour arrêter le mouvement.

Les divers cas que nous venons de citer suffisent pour faire comprendre que les moyens à employer pour faire franchir un obstacle doivent se modifier en raison des dispositions physiques et même du caractère des chevaux.

PROGRESSION

A SUIVRE DANS LES EXERCICES A L'EXTÉRIEUR.

Ce travail doit commencer le 1er avril de la deuxième année.

Le travail de la quatrième leçon, qui s'exécute au manége à cette époque, doit aussi trouver son application dans les exercices extérieurs.

Déjà, dans la carrière, on aura exécuté sur des chevaux moins maniables que ceux du manége, mais aussi sur une échelle plus large, les doublés, voltes, demi-voltes, demi-tours, etc..... Ces mouvements trouvent à chaque instant leur application dans l'emploi du cheval à l'extérieur et dans les exercices militaires; on ne doit pas négliger, dans les promenades, de les faire exécuter; c'est ainsi que l'on complétera l'instruction des cavaliers.

Le travail extérieur ne doit pas être considéré comme un exercice n'ayant pour but que de promener les hommes et les chevaux; là, comme au manége, la leçon doit être donnée, et elle devient d'autant plus nécessaire, qu'alors il n'y a plus de routine pour le cheval; que les incidents les moins prévus peuvent se présenter, et que l'on doit toujours se tenir en garde et prêt à appliquer un principe dont on peut alors mieux apprécier la valeur.

L'instructeur doit même, dans les promenades, faire naître les incidents, afin d'entretenir l'attention de l'élève et le faire travailler.

Lorsque l'on sortira, on formera les cavaliers par deux, en ayant soin de les faire marcher à de longues distances. La reprise ainsi disposée, quand elle sera arrivée sur un terrain convenable, on marchera au trot soutenu et régulier.

Si, dans la colonne quelques chevaux excités par ceux qui les précèdent prennent le galop, les cavaliers auront à appliquer les moyens indiqués pour faire passer les chevaux du galop au trot.

On marchera aussi par quatre. Dans cette formation, toutes les files sur lesquelles on se formera conserveront le même degré de vitesse ; les autres, momentanément forcées de l'augmenter, mettront en pratique les principes au moyen desquels on accélère la marche sans changer d'allure.

La formation une fois obtenue, on marchera ainsi, chaque reprise à une longue distance et alignée sur l'une de ses ailes, ou mieux encore sur le cheval qui a le moins de vitesse.

On fera ensuite augmenter ou diminuer l'allure, en exigeant toujours que les alignements soient observés dans chaque rang de quatre.

Ce travail d'ensemble exécuté, on fera de temps à autre former des groupes de deux, trois ou quatre cavaliers, en ayant soin de mettre ensemble, les chevaux que l'on suppose avoir une vitesse à peu près égale, et l'on fera alors lutter entre eux et les uns après les autres les divers groupes.

De semblables exercices servent à donner du tact, apprennent à régler les allures et à les développer.

Après ces sortes de petites courses au trot, on passera au pas, pour faire travailler individuellement chaque cavalier, qui devra alors rectifier sa position, régler l'allure de son cheval, et enfin régulariser tout ce que le travail précédent aurait pu changer.

Ces exercices au trot bien exécutés, on travaillera au galop; on fera, comme au trot, marcher par deux ou par quatre. Le galop doit être demandé sans à-coup, sans surprise, afin de ne pas précipiter l'allure à son début; les départs froids et ralentis sont les meilleurs, parce qu'ainsi on reste constamment maître de son cheval, et qu'il est facile de régulariser le galop, qui doit être modéré pour pouvoir être longtemps soutenu.

Ce ne devra être que par exception, et pour de très-courtes distances, que l'on fera allonger le galop, qui, dans ce cas, devra toujours rester régulier et n'être jamais assez développé pour que le cheval, sortant de son aplomb, prenne sur la main un appui trop marqué. C'est pourquoi il faut toujours allonger le galop graduellement, afin que les mouvements de l'avant et de l'arrière-main conservent un accord qui assure la régularité de la marche et ne permette à la masse de s'engager que dans une juste mesure.

Le galop allongé d'un cheval de chasse, de guerre ou de promenade ne doit jamais être poussé à l'extrême, comme celui d'un cheval de course. Quand on veut pousser la vitesse à la dernière limite, elle a besoin, pour se développer et se maintenir, du soutien de la main, parce qu'alors le cheval, pour se porter en avant, emploie non-seulement toute sa force musculaire, mais encore toute sa masse, que les mains dans ce cas doivent soutenir (et qu'elles soutiennent alors avec le filet, pour ne point offenser les barres).

Mais, dans les exercices où, à chaque instant, l'on a besoin de ralentir l'allure, de changer de direction et d'arrêter, il faut bien se garder de laisser trop engager le poids sur l'avant-main, puisque ce déplacement exagéré force le cheval à prendre sur la main un trop grand appui qui nécessite des actions trop dures pour ralentir ou arrêter, actions qui peuvent offenser les barres.

Le travail au galop se fera donc toujours de la façon la plus régulière et sans jamais forcer le train. Si, dans les exercices au trot, on fait lutter les cavaliers pour connaître celui qui obtiendra la plus grande vitesse, on pourra, au galop, les faire lutter à qui ira le plus doucement. Ce travail, qui ne se demande que de temps à autre, oblige les cavaliers à se servir de leurs aides, et les met dans le cas d'en faire des applications utiles.

Comme nous l'avons dit plus haut, on ne fera
allonger le galop que dans les cas exceptionnels,
sur un bon terrain et pour de courtes distances.

Par exemple, la reprise étant au galop, on
pourra commander aux dernières files de prendre
la tête de la colonne ; il y aura, dans ce cas, obligation d'augmenter l'allure et nécessité d'indiquer
à chacun des chevaux une direction nouvelle, ce
qui demandera d'autant plus de fixité et de précision qu'ayant à en dépasser d'autres, ils pourraient
essayer de se retenir pour ne pas les quitter.

On pourra encore faire sortir de la colonne un
seul cheval, que l'on fera porter en avant au galop
allongé, et, arrivé à un point donné, le faire re-
tourner en lui faisant exécuter une demi-volte et
le réunir aux autres chevaux par une seconde
demi-volte ou par un demi-tour.

Ces différents exercices pourront se varier à
l'infini : c'est à l'instructeur à les mesurer sur la
force de ses élèves et sur les moyens des chevaux.

Ces promenades doivent durer pendant deux
heures ou deux heures et demie, et être calculées
de manière que les chevaux conservent leur énergie et leur régularité d'allure.

Un principe essentiel en équitation, et dont on
ne saurait trop pénétrer les élèves, c'est de ménager leurs chevaux, de ne pas exiger des inutilités
qui usent leur force. S'il faut faire des cavaliers
énergiques, il faut aussi les rendre prudents et
conservateurs. Ce n'est pas en marchant à des

allures déréglées, en sautant à tort et à travers des obstacles, que l'on fait des cavaliers hardis et habiles. Avec ce système on produit des casse-cou, n'ayant aucune idée de la conduite et qui ruinent les chevaux en pure perte. Pour amener de semblables résultats, le cavalier n'a pas besoin de leçons ; la fougue de la jeunesse et l'inexpérience sont trop bons maîtres pour faire des cavaliers imprudents, brutaux et maladroits

Dans une instruction bien dirigée, il faut, comme je l'ai dit, associer la hardiesse à la prudence, et avoir toujours en vue la conservation du cheval qui nous porte, et qui ne peut servir longtemps que s'il est ménagé. Que toujours on se rappelle le proverbe : *Qui veut voyager loin ménage sa monture.*

Quand, après avoir marché au galop ou au trot, on passera au pas, on pourra encore fixer l'attention de l'élève, en lui faisant alternativement ralentir et allonger cette allure ; cela servira à lui apprendre que l'accélération du pas s'obtient bien plus par la manière dont la masse est équilibrée, que par l'augmentation de l'action musculaire, qui joue, au contraire, un plus grand rôle, quand on cherche à ralentir cette allure. C'est à la suite de ces exercices que l'on apprendra aux élèves à éviter les réactions produites par le trot allongé.

Comme c'est une innovation à introduire dans l'instruction équestre, il est nécessaire d'entrer dans quelques développements.

DU TROT ENLEVÉ, DIT TROT A L'ANGLAISE.

L'ancienne équitation ne considérait pas le grand trot comme une allure à demander au cheval de selle ; elle n'admettait que le pas, le galop et le passage, trot de manége tride, cadencé et raccourci. Aucun principe ne fut donc indiqué pour éviter les réactions d'une allure qui n'était pas en usage. On poussait l'exclusion du grand trot à ce point que, dans les attelages, le cheval du postillon était constamment maintenu au galop, pendant que les autres marchaient au grand trot.

Aujourd'hui, en raison des changements apportés dans nos races, en raison aussi de nos usages, de nos nouveaux besoins, on a admis le grand trot comme devant être demandé au cheval de selle. Mais plus le trot est brillant et développé, plus il est dur et fatigant pour le cavalier ; il devient donc nécessaire de rechercher les moyens d'atténuer les réactions d'une allure que, dans beaucoup de cas, le cheval peut soutenir plus facilement et plus longtemps que le galop, et dans laquelle il atteint le même degré de célérité.

Pour éviter de semblables secousses, l'homme qui monte à cheval instinctivement porte le corps en avant et s'enlève sur les étriers, afin de quitter la selle au moment où la réaction a lieu. Ce moyen, quand il est outré, fait perdre au cavalier sa régularit de position ; il peut même lui faire affecter une attitude ridicule; mais, un fait certain, c'est qu'il évite ainsi une succession de secousses très-fatigantes, et cette manière de trotter, que, dans le langage vulgaire, on appelle trotter à l'anglaise, permet au cavalier le moins expérimenté de marcher plus vite et plus longtemps que celui qui, cherchant à conserver une position plus assise et plus régulière, attend et reçoit un choc qui ébranle sa position et le rend tout aussi disgracieux. Le désavantage reste donc à ce dernier. Mais, puisque le grand trot est une allure admise et en usage, pourquoi ne pas s'appliquer à éviter ses secousses d'une façon rationnelle, et de manière à ne pas perdre, sur le cheval, ni les moyens de conduite, ni les points d'adhérence qui doivent nous lier à lui?

Ces résultats peuvent facilement s'obtenir. En effet, quel est le but à atteindre? c'est d'éviter un choc. Est-il absolument nécessaire de s'éloigner outre mesure de l'objet qui le produit? non, certainement. Le choc n'a lieu que par la rencontre de deux corps qui vont en sens inverse; mais quand leur déplacement est toujours dans le même sens et que l'un cède toujours à l'autre, ils peuvent rester en contact sans se heurter. C'est ce qu'il faut faire, quand on veut éviter les secousses du trot. L'assiette doit céder à la réaction, lorsqu'elle se marque, au lieu de chercher à la combattre ou de s'enlever démesurément sur les étriers, ce qui, dans l'un et l'autre cas, apporte le désordre dans la position, et fait perdre les points d'adhérence qu'un cavalier doit toujours conserver avec son cheval.

Il suffira donc, lorsqu'un cheval aura pris franchement le trot et sera soutenu sur la main, de fixer les cuisses et les genoux et de porter le corps légèrement en avant, afin de placer l'assiette dans les conditions les meilleures pour céder à la réaction, et sans que pour cela le cavalier perde ses moyens de tenue. C'est particulièrement par une contraction légère des muscles des cuisses et par l'adhérence des genoux, que l'on doit porter plutôt un peu en arrière qu'en avant, que le déplacement de l'assiette doit s'obtenir, et non pas par l'appui de la jambe sur l'étrier. S'il faut porter les étriers un peu courts, ce doit être pour obtenir la fixité des jambes, qui assure l'adhérence des genoux, et non pas pour faciliter l'enlevé de l'assiette par cet appui : la réaction doit même pouvoir se combattre sans le secours des étriers.

Ce qui aide à saisir la manière de parer les réactions, c'est, lorsque le trot est bien marqué, de faire caresser les chevaux avec la main droite sur l'encolure, en conservant toujours la main de la bride fixe pour régler et maintenir l'allure. Le haut du corps, ainsi incliné en avant, enlève forcément l'assiette, oblige les cuisses à s'allonger, les genoux à se fixer, et chacun par ce moyen pourra, au bout de quelque temps, apprécier l'action à employer.

Tant que l'allure reste raccourcie ou incertaine,

le cavalier doit rester assis ; il ne faut jamais incli-
ner le corps en avant pour fuir une réaction quand
elle n'est ni assez marquée, ni assez étendue pour
enlever l'assiette du cavalier : il faut attendre que
le cheval marche avec franchise, que les battues
soient égales, ce qui produit des réactions régulières et en mesure, que le cavalier évite en y cédant
aussi en mesure ; mais il est nécessaire de comprendre comment et quand cette mesure doit être prise.

On sait que le trot se marque par battues régulières et diagonales, et que chacune d'elles produit une réaction : si le cavalier les attend, il reçoit
autant de chocs que le cheval marque de battues ;
si, au contraire, l'assiette cède à la réaction de la
première battue, elle doit se trouver encore dans
son mouvement ascensionnel lorsque la deuxième a
lieu, et ne doit retomber sur la selle que pour être
renvoyé de nouveau par la détente du bipède diagonal qui a marqué la première. Ainsi, par exemple,
si on a cédé à la détente produite par le diagonal
droit, l'assiette ne doit retomber qu'après que la
battue du diagonal gauche sera produite. De là, la
nécessité de marquer ces temps successifs et en
mesure ; car, si l'on retombe trop tôt, on reçoit la
réaction du diagonal gauche ; si l'on retombe trop
tard, on rencontre la détente de l'autre, et dans l'un
et l'autre cas on reçoit un choc.

Non-seulement il y a un grand avantage pour le
cavalier à décomposer ainsi la création du grand
trot, mais il peut encore, en évitant des déplace-

ments très-fatigants, donner à sa main une fixité
et une légèreté qu'il perd autrement, légèreté qui
facilite la progression du cheval et lui rend le travail moins pénible.

En effet, en n'évitant pas la réaction, on diminue
inévitablement la vitesse, car le moment où le cavalier après avoir été violemment renvoyé de la
selle retombe dessus, est celui-là même où s'opère
la détente des jarrets, et le choc qui en résulte
amortit la force de détente de ces articulations et
diminue proportionnellement la vitesse. Ce qui
vient encore contribuer à ce fâcheux résultat, c'est
qu'à chaque secousse que reçoit le corps du cavalier, la main vient imprimer sur la bouche du cheval une saccade qui arrête encore l'impulsion en
avant. Si, au contraire, le cavalier cède à l'impulsion qu'il reçoit de la détente des jarrets, alors elle
s'opère avec toute la puissance dont elle est susceptible, au profit de la chasse, et, par conséquent, de
toute la vitesse. Enfin, dans ce cas, la main acquiert,
comme nous l'avons déjà dit, une fixité qui seconde, au lieu de les contrarier, les effets du mouvement en avant, en même temps que le corps, un
peu incliné en avant, opère vers les parties antérieures ces déplacements du poids qui contribuent
à l'accélération du mouvement.

Lorsque, par exception, on veut pousser le cheval dans une vitesse telle qu'il prenne le traquenard, le corps doit alors se porter en arrière et l'on
ne doit plus chercher à combattre les réactions,

parce que, premièrement, la masse étant fortement engagée sur l'avant-main, il faut éviter de la surcharger du poids du cavalier ; secondement, parce que, dans le traquenard, l'allure étant brisée, la réaction n'est plus aussi sensible et qu'elle ne se produit plus en mesure ; enfin, parce qu'en plaçant le corps en arrière, les bras et les mains sont dans des conditions plus favorables pour soutenir le développement extrême de l'allure et maintenir le cheval en cas de chute. Si l'on est bien pénétré des principes que nous avons établis, on comprendra aisément que l'on ne doit chercher à enseigner aux élèves le trot enlevé que lorsque leur position sera régulière et qu'ils auront trotté longtemps avec ou sans étriers, afin de se faire l'assiette.

Nous ne cesserons de le répéter : sans une assiette bien établie, il n'est point de bon cavalier ; aussi n'est-ce qu'à la fin d'une instruction équestre bien dirigée, que l'on devra essayer d'éviter la réaction du trot.

Ce travail ne doit être considéré que comme une étude qui ne peut et ne doit trouver dans la cavalerie son application que très-exceptionnellement. Ainsi, chercher à parer les secousses du trot, dans les exercices militaires, serait une absurdité, parce que jamais, dans les manœuvres, on ne marche à une allure assez allongée, ni assez directe.

La mesure du trot enlevé ne peut être prise avec succès que lorsqu'on suit rapidement une ligne droite et que l'on peut être assuré de marcher le même train pendant un temps donné. Néanmoins, peut-être trouvera-t-on plus tard un avantage, pour les hommes et les chevaux, à ce que les ordonnances, dans leurs courses rapides et souvent longues, fassent l'application du trot à l'anglaise.

Ces innovations arriveront par la force des choses, si l'on persiste à estimer les chevaux qui ont le trot développé, et si on les produit en raison des goûts et des besoins du moment.

DES COURSES.

Les courses sont des exercices auxquels les peuples cavaliers se sont livrés à toutes les époques ; elles eurent longtemps pour but de mettre en évidence l'adresse et l'intrépidité du cavalier.

De nos jours, ces institutions ont pris un caractère plus sérieux, plus utile, puisqu'elles sont considérées, avec raison, comme un moyen puissant d'améliorer nos races, et qu'elles ont pour but de mettre à l'épreuve les chevaux destinés à la reproduction.

Quelle garantie, en effet, ne doivent pas offrir, comme étalons ou poulinières, les animaux qui, après les exercices violents et réitérés auxquels ils ont été soumis, sortent de la lutte victorieux et exempts de tares.

N'est-ce pas dans ces exercices que l'on met le plus en jeu les qualités inhérentes à la force et les facultés qui concourent au développement de la vitesse?

Une grande profondeur de poitrine n'est-elle pas indispensable pour faciliter le jeu des organes respiratoires? N'est-il pas nécessaire aussi que les muscles aient de l'ampleur, les tendons de la force? que les bras de levier soient longs, et que les points d'appui de ces mêmes leviers soient fermes et résistants? En un mot, c'est de ·la richesse et de la force des organes, autant que de la puissance musculaire et de l'heureuse disposition des leviers, que résultent la vitesse et la durée chez le cheval destiné aux violentes épreuves de l'hippodrome.

Aussi est-il de l'intérêt de l'État d'accorder des prix nombreux et d'une valeur élevée ; car, tout en encourageant l'éducation du cheval de pur sang, il peut ainsi faire passer sa production au creuset, et ne choisir que les sujets d'élite qui se sont en tout montrés dignes d'être considérés comme des types régénérateurs. Nulle épreuve n'est comparable à celle des courses pour se rendre compte des qualités du cheval. Ceux qui sont brisés ou tarés dans les exercices, et qui, peut-être, s'ils eussent été ménagés, auraient pu faire de jolis chevaux de service, n'auraient toujours fait que des reproducteurs médiocres.

Aussi est-il d'un intérêt très-secondaire de se préoccuper de l'époque où l'on met en exercice les chevaux que l'on destine aux courses. Si un propriétaire veut manger son bien en herbe, il en est le maître ; mais, en général, les exercices trop prématurés s'adressent moins, de leur part, aux animaux d'espérance qu'à ceux qui en présentent peu. Dans une éducation aussi dispendieuse, il est prudent de ne pas faire de frais pour celui qui ne pourra les couvrir. Il vaut donc mieux, par un essai qui ne peut pas nuire à un poulain, s'il est bon, savoir, d'après les résultats, si on doit le garder ou s'en défaire.

Du reste, la longueur de la course étant toujours mesurée sur l'âge du cheval, il n'y a guère, dans les épreuves, que les mauvais qui échouent ; les bons, au contraire, acquièrent de la force, de l'énergie, de la santé, par le fait même de l'exercice régulier auquel on les soumet pour les préparer à la course : aussi a-t-on observé que les chevaux célèbres dans les courses avaient plus de longévité que les autres.

Quoique les qualités dont nous avons parlé tout à l'heure soient indispensables pour présenter un cheval à de semblables luttes, et l'en faire sortir avec succès, il faut encore que l'art vienne en aide à la nature.

En conséquence, aussi bien sous le rapport des exercices que sous celui de l'hygiène, le cheval doit être soumis à un régime spécial.

Il est essentiel, en effet, de le débarrasser d'un excès d'embonpoint qui l'alourdit, gêne la respiration et entrave le jeu des muscles.

Il est nécessaire de donner de la force à ses mus-

cles par un exercice fréquent, et, enfin, par le dressage, de disposer la masse dans les conditions les
plus favorables à la vitesse.

Ce régime, ces exercices s'appellent *entraînement*.

Nous indiquons ici l'entraînement à donner à un
cheval que l'on veut momentanément faire courir,
et qui plus tard rendra d'autres services. L'entraînement se commence en exerçant tous les jours le
cheval au pas et en le mettant en liberté dans une
écurie isolée ; on le sort avec des couvertures pour
provoquer la transpiration et diminuer son état
lymphatique sans le fatiguer.

On change graduellement aussi son système ali-
mentaire. Si la ration a été de 4 kilos 1/2 d'avoine
par jour, de 3 kilos de foin et de 6 de paille, on
augmente la ration d'avoine et on diminue le four-
rage. On arrive ainsi, au bout de huit à quinze
jours, à ne plus donner de paille, mais à donner 6
à 7 kilos d'avoine et 1 kilo 1/2 de foin. On diminue aussi la ration d'eau, de façon à ne plus laisser
boire qu'un litre le matin et un le soir.

Cette nourriture substantielle, réparatrice et ap-
paraissant sous un petit volume, allégera le cheval
et augmentera son énergie et son impressionnabilité.

Si l'embonpoint persiste, on le purgera ; après
quoi, lorsqu'on le sortira, on le couvrira davantage
et on lui donnera, de deux jours l'un, un galop
d'environ 2 kilomètres, afin de provoquer une

transpiration abondante. Ce galop doit être modéré à un train de 16 kilomètres à l'heure.

Ces exercices terminés, on fait gratter la sueur et panser le cheval. Les pansages doivent avoir lieu deux fois par jour.

Lorsque le cheval sera arrivé dans une condition satisfaisante, c'est-à-dire qu'il sera en chair, que ses muscles seront bien accusés, que la graisse aura disparu, les galops ne devront être donnés que de temps à autre ; mais on reprendra les longs exercices au pas plutôt deux fois qu'une par jour.

Ces galops seront donnés en compagnie, concurremment avec un autre cheval, afin, par là, de l'habituer à la lutte, de lui apprendre à rester en arrière, à marcher sur la même ligne et à devancer.

Ces exercices se continuent ainsi jusqu'au moment de l'épreuve, en observant toutefois que plus on en approche, plus il faut que le cheval reçoive des galops que l'on allonge progressivement.

On doit avoir grand soin des tendons et des boulets des chevaux que l'on soumet à l'entraînement ; il faut les frictionner souvent et les entourer de flanelle.

Dans ces exercices, le cavalier doit s'attacher à pousser plus que jamais le cheval sur la main : plus le cheval prend confiance dans cet appui, mieux il se place pour assurer sa vitesse, la masse étant ainsi engagée dans les conditions les plus efficaces du mouvement en avant. On aide à ce ré-

sultat en embouchant le cheval avec un mors doux,
un gros filet, par exemple.

Lorsque, par le fait de l'entraînement, le cheval,
tout en ayant pris sur la main un appui qui aide
à la rapidité de l'allure, sera soumis à la volonté
du cavalier de telle sorte que celui-ci soit toujours
maître de son train, il pourra entrer en lutte.

Alors, le calme et le discernement sont nécessaires, car on mènera la course en raison des qualités,
des moyens que l'on suppose à son cheval : l'entraînement a dû éclairer à cet égard.

Si l'on compte sur sa vitesse, on l'embarque dans
une allure allongée que l'on a soin de toujours régulariser, de façon à le conserver dans le train qui
lui est propre ; on a ainsi la chance d'essouffler les
chevaux momentanément moins vites, quoiqu'ayant
plus de fond ; c'est ce qui arrive si les adversaires
se laissent émouvoir par ce départ précipité et
cherchent à se maintenir, dès le début, à la hauteur d'un cheval plus vite que les leurs.

Si, au contraire, on croit pouvoir compter sur le
fond de son cheval, le départ doit être calme, et,
pendant presque toute la course, il faut le maintenir dans un train soutenu, régulier, mais jamais
forcé ; on conserve par là son haleine, et, lorsqu'arrive le moment décisif, on force le train, qui deviendra d'autant plus rapide que le cheval aura été
plus ménagé. Un cheval ainsi conduit dépassera
facilement tous ceux qui sont partis trop vite et
qui, à bout d'haleine aux trois quarts de la course,

ne pourront tenir contre celui qui aura, au contraire, conservé ses forces pour la fin.

L'homme qui court doit être assis, avoir les cuisses adhérentes et les jambes tombantes ; c'est la position la plus rationnelle pour conserver de la solidité, et aussi la meilleure pour permettre aux mains leur action comme aide de soutien et de ralentissement. La rapidité de l'allure oblige seulement le haut du corps à se porter en avant et la tête à se baisser ; mais cette attitude, nécessaire pour mieux résister à l'action de l'air, n'empêche pas la base de conserver la position normale de l'assiette, des cuisses, des genoux et des jambes.

Il est certains cas où l'inclinaison du corps en avant peut être nécessaire pour charger l'avant-main du cheval et aider à la rapidité de l'allure. Pour obtenir ce résultat, il faut que l'assiette quitte légèrement la selle, ce qui soulage les reins et permet à l'arrière-main d'agir avec plus de puissance ; mais, dans ce cas exceptionnel, l'assiette, tout en s'enlevant, doit rester dans des conditions telles, qu'aussitôt que l'on veut la rétablir sur la selle, elle y reprenne sa position normale, ce qui a lieu quand les cuisses, les genoux et les gras de jambes conservent leur adhérence.

Les principes que nous donnons ici s'appliquent à l'équitation de course telle que nous l'entendons pour des officiers qui ne se proposent point de monter exclusivement sur l'hippodrome. Nous savons que les jockeys de profession enlèvent l'assiette et évitent de s'asseoir en course plate et même en course de haie, prétendant décharger ainsi l'arrière-main du cheval et favoriser la vitesse. Sans vouloir discuter ce principe, contesté même par quelques jockeys célèbres, nous n'admettrons pas d'une manière absolue un tel système, et nous préférons conserver à nos élèves l'habitude d'une bonne assiette, fixe, identifiée au cheval à toutes les allures et dans tous ses mouvements.

Quant à la position des mains admise par les jockeys, nous la trouvons rationnelle. Les poignets doivent être bas, le plus souvent appuyés sur la base de l'encolure, afin d'être plus fixes et de donner un point d'appui plus stable et plus constant.

Il faut avoir beaucoup d'acquis et de solidité pour employer, comme aide, ces déplacements de corps en avant et ces enlevés d'assiette.

Les gens qui singent, sans avoir le sentiment de ce qu'ils font, ne produisent que des effets faux et se rendent ridicules (1).

---

(1) Ces déplacements d'assiette ne doivent, en tout état de cause, jamais avoir lieu que d'arrière en avant et d'avant en arrière, le corps du cavalier restant dans l'axe du cheval. Ces déplacements peuvent aider, comme nous l'avons dit, la rapidité de l'allure ou favoriser son ralentissement ; mais ce serait une grave erreur que d'offrir comme troisième aide, les déplacements à droite ou à gauche de l'assiette, pour agir sur l'arrière-main du cheval ou pour provoquer l'exécution des mouvements de côté, tels que les tournants, les mouvements obliques, les changements de pieds, etc.

Il n'est pas douteux qu'en mobilisant son assiette, ces déplace-

L'entraînement, qui sert à donner au cheval de la force et de la santé, qui sert, en outre, à l'*assagir* et le rendre froid et calme, lui retire souvent une élégance, une gentillesse qui ne sont dues généralement qu'à son embonpoint et à la manière différente de le monter.

Aussi, les gens qui ne trouvent un cheval bon et beau que lorsqu'il est gras et qu'il caracole, prétendent qu'un animal ainsi levretté, décharné, n'est bon à rien, qu'à fournir une course à courte distance, et que, s'il a gagné, cela tient à sa construction particulière. De tels critiques ne se rendent pas compte de la métamorphose qu'a subie le cheval par le fait d'un entraînement sans lequel il ne pourrait supporter les épreuves violentes auxquelles il est soumis.

Cette métamorphose est telle, qu'un cheval d'une construction vicieuse, soumis à l'entraînement, deviendrait d'un aspect à ne pouvoir supporter l'examen ; car, dans ce cas, le voile tombé, les choses se présenteraient sous leur véritable jour. La charpente osseuse et l'appareil musculaire res-

---

ments de poids n'agissent sur le cheval ; mais on perd sa solidité, on retire aux aides des mains et des jambes leur accord, leur précision, leur justesse et l'on n'obtient du cheval que des déplacements heurtés, saccadés, renversés. Le corps du cavalier affecte alors les positions les plus disgracieuses et les moins académiques ; il faut, selon moi, laisser cette équitation aux casse-cou.

sortiraient dans toute leur vérité. La graisse peut embellir un cheval bien construit, mais elle n'empêche pas que ce qui existe soit ; tandis qu'avec un cheval d'une construction vicieuse, l'embonpoint cache des défauts à l'œil de l'homme inexpérimenté.

Ces mêmes personnes se récrient sur ce que les courses ne sont pas assez longues, que les courses de fond vaudraient mieux, et ne proposent rien moins que des distances de 40 à 60 kilomètres à parcourir.

De semblables courses fussent-elles établies, que les résultats seraient toujours les mêmes ; les chevaux entraînés gagneraient ceux qui ne le sont pas ; ceux qui gagnent les courses de vitesse gagneraient les courses de fond, car il n'y a pas de vitesse un peu soutenue sans fond, et les épreuves de 4 kilomètres en partie liée sont plus que suffisantes pour prouver ce que j'avance. Des courses plus longues occasionneraient la ruine des bons et des mauvais chevaux sans amener d'autres résultats.

Une chose indispensable à un cheval destiné à la course ou aux exercices violents, c'est le sang.

Pas de sang : pas d'énergie, pas de vitesse, pas de fond.

Le cheval qui n'a pas de sang, quelle que soit du reste sa construction, ne peut lutter contre un cheval de pur sang.

Plus le cheval se rapproche du pur sang, plus il rapproche de la perfection, plus alors il peut avoir de vitesse, car, comme nous l'avons vu, la vitesse entraîne après elle presque toutes les autres qualités.

A égalité de sang, ce qui peut faire prévaloir un cheval sur un autre, c'est la disposition des organes respiratoires, c'est la conformation des reins, des jarrets, c'est la longueur et la direction des leviers, la force musculaire, la netteté des articulations, la force des appuis. A mérite égal quant au sang et à la construction, ce qui peut faire prévaloir un cheval sur un autre, c'est l'éducation première, c'est un meilleur entraînement, ou bien enfin, la manière dont il est monté.

A égalité d'éducation, d'entraînement et de conduite, ce qui donne l'avantage à l'un sur l'autre, c'est la différence du poids : moins de poids, plus de vitesse.

On voit donc, qu'en raison directe du degré de sang, de la puissance de ses leviers, de son entraînement, de la manière dont il est monté et du poids qu'il a à porter, un cheval peut gagner ou perdre une course.

La manière d'être (et qui doit être) du cheval entraîné, a fait accréditer des erreurs qu'il faut détruire.

On prétend, et beaucoup de gens en sont convaincus, que le cheval de course a une construction exceptionnelle, que son train de derrière est très-élevé et son avant-main très-basse; l'on ne voit pas que c'est le résultat de l'entraînement qui lui donne cette apparence particulière, qu'il faut bien chercher à lui conserver ; car, essayer de changer cette disposition, serait prendre sur la rapidité de l'allure.

Mais qu'un cheval sorte de l'entraînement, qu'on le mette dans les mêmes conditions de celui qui n'aura pas couru, et qu'au lieu de lui laisser tendre l'encolure on la lui relève et ramène, et que l'on engage son arrière-main sous la masse, on verra alors ce cheval, qui avait paru si disgracieux, prendre les formes les plus élégantes et avoir les allures les plus légères, les plus trides, les plus raccourcies ; en effet, tout ce qui a produit les éléments de force pour déterminer la vitesse, se trouve aussi ce qui donne tous les airs relevés, puisque les angles articulaires qui, en s'ouvrant, étaient dans les conditions les meilleures pour assurer la rapidité, sont également dans les conditions les meilleures pour produire le ralentissement, l'élévation et le brillant des mouvements. A la course, le cheval paraîtra avoir la croupe haute et l'avant-main basse ; au manége, au contraire, il paraîtra avoir l'avant-main élevée et la croupe basse. Tandis que le cheval qui a paru beau parce qu'il a de l'embonpoint, que l'on a trouvé avoir l'encolure plus élevée et la croupe plus basse, parce qu'il n'a jamais été exercé, qui a des allures raccourcies, les seules qu'il puisse donner, si les bras de leviers sont courts, restera dans son honnête médiocrité, et sera écrasé par la comparaison.

Le cheval qui n'a que les angles restreints, reste toujours sur le même plan ; s'il n'a pas le moyen de pousser bien loin la rapidité de l'allure, il n'a pas davantage la faculté de la raccourcir dans ses dernières limites.

J'appuierai ce que je viens de dire de quelques observations pratiques :

Depuis 1818 jusqu'en 1840, j'ai monté, à première vue, et sans préparation aucune, plus de quarante étalons pur sang, la plupart vainqueurs aux courses, qui n'étaient jamais entrés dans un manége, qui n'avaient jamais eu le mors dans la bouche, et qui n'avaient jamais travaillé que sur le turf. Ces chevaux devinrent presque instantanément aussi souples et ralentis que des chevaux espagnols. Parmi ces chevaux je citerai *Snail*, *Eastham*, *Napoléon*, *Pickpocket*, et particulièrement *Tigris*, le cheval le plus remarquable, comme élégance et comme qualité, que j'aie monté de ma vie. Il arrivait d'Angleterre couvert de lauriers des courses. On le conduisit dans le manége du haras du Pin ; je le montai. Après sept ou huit bonds de gaîté, que je ne cherchai pas à combattre, il se calma, devint attentif et finit par sembler deviner mes moindres désirs. Au bout d'une demi-heure, il marchait à un galop tellement ralenti, qu'il aurait forcé de passer au pas le cheval le mieux dressé qui aurait tenté de le suivre.

Eylau, né au haras du Pin, fils de *Napoléon*, qui

gagna les courses de Paris, le 17 ou 18 septembre 1839, renvoyé au haras du Pin, après les courses, y arrivait le 28 de ce même mois.

Le 1er octobre, je le montais dans le manége du haras; le 5, il travaillait avec le ralenti, la précision, la justesse d'un cheval dressé à ces exercices depuis vingt ans.

Eylau est encore dans les haras, et passe pour un des meilleurs chevaux au travail de manége.

Je pourrais encore citer : *Maître-de-Danse, Pikok, Orbutus, Liberté, Jean-Bart, Miss Annette*, et plusieurs autres à lord Seymour, et ce serait pour signaler les mêmes résultats.

Je cite ces exemples, seulement pour prouver que les mêmes moyens qui avaient fait de ces chevaux des vainqueurs de courses en firent aussi d'excellents chevaux de manége.

Si, maintenant, par opposition aux coureurs célèbres que je viens de citer, je parlais de tous ces chevaux à allures étriquées et que l'on cite comme devant être excellents pour le manége, parce qu'ils sont sans allure, je dirais que ce sont ceux-là qui demandent le plus de peine pour les astreindre à ce travail.

Quelles que soient l'espèce, la légèreté d'un cheval, s'il manque de proportions régulières, il faudra quelquefois un an, pour exécuter au manége un travail que l'on obtiendrait au bout de quinze jours avec un cheval de course (1).

Malheureusement, beaucoup de gens jugent un cheval propre au manége, comme d'autres jugent, bon pour la course, celui qui manque d'accord dans sa conformation, et dont tout le poids se porte sur l'avant-main : un cheval semblable, qui, nécessairement, aura la bouche dure, pourra quelquefois emporter un cavalier ignorant; il sera considéré alors par celui-ci comme propre à la course, puisqu'il est toujours disposé à aller plus vite qu'on ne le désire.

---

(1) L'élévation et l'étendue des mouvements sont subordonnées à la direction et à la longueur des rayons articulaires. C'est pourquoi un cheval commun, fortement constitué, lourd en apparence, pourra avoir des mouvements beaucoup plus allongés et enlevés qu'un autre qui aura plus de sang, mais qui péchera par la longueur et la direction de ses leviers. Ce dernier aura toujours plus d'énergie, mais il n'aura pas les moyens de la dépenser convenablement, et, dans ce cas, la lame usera le fourreau; néanmoins, tout imparfait qu'il sera, ce cheval pourra rendre des services : c'est au sang seul qu'il devra cet avantage.

Pour qu'un cheval commun rende de bons services (services qui seront toujours relatifs, car il n'aura jamais ni la même énergie, ni la même impressionnabilité que le cheval de pure race), il faut que sa construction supplée à ce manque de sang. Il est donc nécessaire que ses organes respiratoires et digestifs fonctionnent librement, afin de réparer constamment les pertes et entretenir une énergie factice qui remplace, jusqu'à un certain point, l'énergie constante que donne le sang. En conséquence, le cheval de troupe, qui demande à être peu impressionnable, et qui, par cette raison, ne réclame pas beaucoup de sang, a besoin que sa construction renferme toutes les autres garanties de service dont nous venons de parler.

Toutes ces fausses idées doivent disparaître avec l'étude raisonnée de l'anatomie et de la mécanique animale, appliquées à l'extérieur du cheval.

Si nous avons fait voir l'utilité des courses, comme moyen puissant d'aider à la création et à l'essai du cheval destiné à la reproduction, ces institutions ont aussi l'avantage de propager le goût et la connaissance du cheval.

Combien, en effet, de préjugés, de fausses idées peuvent disparaître en présence des faits !

Cette étude est donc essentielle à un officier de cavalerie : par elle, il acquiert l'apogée de la décision et de l'énergie à cheval ; il apprend qu'en revanche, s'il est nécessaire d'être énergique, il faut être prudent. Pour lutter avec avantage, il saura que des soins hygiéniques sont nécessaires, que des exercices préparatoires sont obligés ; il sera donc forcé d'entrer dans tous ces détails indispensables pour donner à son cheval tout le fond, toute l'énergie et toute la vitesse dont il peut être susceptible. Cette étude n'est donc pas perdue pour l'avenir, car c'est un peu la condition du cheval de guerre.

Enfin le jour de la lutte, il aura besoin de mettre en évidence, aussi bien sa vigueur et son intrépidité, que son calme et sa prudence. Nul exercice ne peut donner autant de tact et ne peut mieux compléter l'éducation d'un cavalier militaire.

Du moment où les luttes ont particulièrement pour but de mettre en évidence l'énergie, l'adresse et le tact des cavaliers, il faut les semer d'obstacles.

S'il est nécessaire d'avoir un bon cheval pour les franchir, il est encore plus essentiel d'être un cavalier intrépide et adroit pour les aborder.

Les courses de haies et les steeple-chases sont donc les exercices que, dans ce cas, il faut préconiser à l'Ecole de cavalerie.

———

Nota. — Après avoir donné quelques théories générales sur les courses et démontré leur utilité au point de vue du progrès équestre, je ne veux pas négliger de faire connaître quelques règles universellement admises en *course* et qu'il n'est pas permis d'ignorer lorsqu'on veut se présenter sur un hippodrome. Les Anglais étant nos maîtres dans ce genre, on a dû leur emprunter une foule de noms et de définitions, comme aussi les principaux règlements qui régissent le *turf*. Nous allons donc citer ici et expliquer succinctement ce que nous croyons le plus indispensable.

Les chevaux de course prennent leur âge en mai ; ainsi un cheval né en juin, par exemple, gagne près d'un an, en force et en énergie, sur ses concurrents qui, dans les conditions ordinaires, n'ont que l'âge voulu pour disputer un même prix.

Un mille anglais est de 1,609 mètres 16 centimètres. — Une distance est de 219 mètres. — Un *stone* pèse 6 kilog. 3/4.

Les *riders* (*cavaliers*) doivent se présenter à cheval aux balances, en revenant de la course ; s'ils ne le font pas, ou s'il leur manque du poids, ils sont distancés, c'est-à-dire qu'ils perdent la course, fût-elle réellement gagnée sur l'hippodrome.

Si, pendant la course, un cavalier tombe, tout individu peut prendre son cheval et gagner, pourvu qu'il ait le poids du jockey et parte à l'endroit même de la chute.

Chaque épreuve s'appelle *heat*. On nomme *dead heat* une épreuve nulle, lorsque les chevaux arrivent tête à tête, à tel point que le juge ne puisse signaler le gagnant.

On dit qu'un cheval est distancé lorsque le vainqueur est au poteau d'arrivée et que ce cheval est à plus d'une distance de 219 mètres en arrière.

On appelle un *handicap plate* un prix offert par un individu, ou qui est le produit d'une souscription. Pour ce prix, les chevaux s'inscrivent à l'heure indiquée la veille de la course. On décide les poids à porter par chacun d'eux, et le matin de la course seulement paraît la répartition de ces poids. C'est une grande science, disent les Anglais, que de bien *handicaper*, c'est-à-dire de répartir justement les poids selon la valeur relative et les *performances* de chaque cheval.

Nous avons en France une sorte de *handicap*, où un juge est chargé seul de la répartition des poids et en assume toute la responsabilité ; mais ces sortes de courses sont souvent causes de récriminations et de mécontentements parmi les concurrents.

Un *match* est un simple pari entre deux particuliers.

Un *sweepstake* est une poule où chacun met un enjeu et où le vainqueur ramasse autant d'enjeux qu'il y a de souscripteurs.

Les principaux prix d'Angleterre sont : le *Derby* à *Epsom*, pour chevaux et juments de 3 ans. — Les *Oaks stakes*. — Le *Saint-Léger* à *Doncaster*.

Nous avons deux derbys en France, du nord et du midi. Ce sont des espèces de poules où les propriétaires engagent leurs chevaux dans le ventre de la mère.

On comprend sans peine le grand nombre des souscripteurs ; mais en revanche, le petit nombre des concurrents, si l'on réfléchit aux éventualités et aux chances fâcheuses que courent la majeure partie des produits engagés dans de telles conditions, Aussi, généralement, ces prix sont-ils les plus considérables et les mieux disputés de toute la saison.

On appelle *forfeit* ce que paie un concurrent qui, après avoir engagé son cheval pour un prix, le retire pour un motif quelconque.

CHAPITRE VI.

DU CARROUSEL.

Les exercices du carrousel se composent de différents mouvements ou figures de manége, telles que les courses de bagues, de tête et de javelots.

Pour l'exécution d'un carrousel, il faut une réunion de 20, de 32, de 40, de 48 ou de 64 cavaliers, que l'on divise en deux fractions qui se subdivisent en quadrilles et en reprises.

Les figures du carrousel sont déterminées à l'avance et réglées par l'écuyer qui est chargé de son commandement.

L'on peut faire exécuter les courses dans les intervalles de temps qui séparent les exercices.

Le carrousel est un complément de l'instruction équestre des officiers de cavalerie ; il les met à même de faire preuve de tact et de justesse dans la conduite du cheval, et demande de l'adresse, de l'agilité, beaucoup d'à-propos et de vigueur dans l'exécution.

Nous nous bornerons à donner la théorie sur la manière de se servir de la lance, du sabre et du javelot.

INSTRUCTION PRÉPARATOIRE.

Dans les divers exercices du carrousel, on suivra la même progression relativement aux changements d'allures que celle observée dans les leçons précédentes.

MANIEMENT DE LA LANCE.

Portez la lance.

Tenir la lance de la main droite à la poignée, le pouce fermé sur le premier doigt, le petit doigt allongé sur le bas de la poignée, le bras à demi tendu, afin que, la main touchant la hanche, la lance soit placée verticalement, la pointe en haut.

Lance en arrêt.

Appuyer le tronçon de la lance sur le haut de la cuisse droite, les doigts fermés, le pouce allongé sur la partie supérieure du tronçon, la lance inclinée en avant.

Haut la lance.

Après avoir fait porter la lance, élever progressivement la main jusqu'à ce qu'elle soit au-dessus de la tête, en maintenant toujours la lance dans sa direction verticale; allonger le pouce sur la poignée,

en élevant la lance, arrondir le poignet, de manière que les ongles soient tournés en dedans.

On fera faire *haut la lance* avant de la croiser en
avant, à droite et à gauche, et avant de saluer.

Croisez la lance en avant.

Abaisser la lance par degrés, de manière à diriger la pointe en avant sur l'objet qu'on veut atteindre, le tronçon placé entre le bras et le corps
sans le toucher, la lance maintenue avec les trois
derniers doigts et la paume de la main.

Croisez la lance à droite.

Abaisser la lance par degrés, le bras tendu à
droite, diriger la pointe à droite, le bout du tronçon vis-à-vis du corps, la lance maintenue horizontalement, le pouce et le premier doigt allongés
sur la poignée.

Croisez la lance à gauche.

Abaisser la lance par degrés, en dirigeant la
pointe à gauche, la garde appuyée sur le pli du
bras gauche, l'avant-bras droit allongé sur le
tronçon, le pouce et le premier doigt allongés sur
la poignée.

Salut de la lance.

Fixer le bout du tronçon contre l'épaule droite;
abaisser la pointe par degrés vers le sol, et, après

avoir dépassé la personne qu'on doit saluer, faire *h aut la lance* et la mettre en arrêt.

MANIEMENT DU DARD.

Huit mouvements.

1o Prendre avec la main droite le dard par le milieu, la pointe en bas, les ailes un peu inclinées en avant.

2o Élever le dard de toute la longueur du bras, les ongles en l'air; le placer horizontalement; le faire tourner au-dessus de la tête, de manière à diriger alternativement la pointe en avant et en arrière.

3o Étendre le bras sur le côté droit, en dirigeant la pointe du dard à gauche pour menacer de le lancer à gauche, en regardant de côté.

4o Renverser la main droite, les ongles en dessous, la porter en avant de l'épaule gauche, la pointe du dard dirigée à droite et regarder de ce côté.

5o Replacer le dard verticalement, la pointe dirigée vers le sol, et regarder à terre pour menacer d'y lancer le dard.

6o Relever le dard au-dessus de la tête, en le plaçant horizontalement, les ailes en avant.

7o Pour lancer le dard, tourner la pointe en avant, porter le plus possible la main en arrière, et s'effacer à droite afin de pouvoir lancer le dard avec plus de force.

8o Lancer le dard en avant avec force, en laissant

l'épaule droite se replacer de niveau avec la gauche.

COURSES DE LA BAGUE, DE LA TÊTE ET DU DARD.

Course de la bague.

Faire *haut la lance*, et, lorsqu'on arrive à trente mètres environ du poteau, abaisser la lance en avant par degrés, la tenir la plus horizontalement possible, diriger la pointe vers la bague; lorsqu'on s'en rapprochera, allonger le galop de toute sa vitesse, et viser la bague sans faire aucun mouvement de bras pour l'enlever; faire ensuite *haut la lance* et reprendre le galop ordinaire.

Manière de déposer la bague.

Prendre deux voltes, la lance toujours haute; étant arrivé vis-à-vis de la personne à qui l'on veut rendre hommage, s'arrêter droit devant elle, la saluer et faire couler à terre la bague; marcher ensuite par des pas de côté pour rejoindre la piste et redresser le cheval.

Course de la tête à terre avec le sabre.

Mettre le sabre à la main, et, l'allure du galop étant bien réglée, faire le moulinet; en arrivant sur la piste de la tête, faire *haut le sabre,* comme il a été dit pour faire *haut la lance ;* à dix ou douze mètres de la tête, abaisser le poignet, en dirigeant la pointe vers la tête, la lame presque horizontale, le dos en l'air ; se pencher en même temps sur l'épaule droite du cheval ; allonger le galop de toute sa vitesse, et, en arrivant sur la tête, la pointer sans à-coup en appuyant la paume de la main sur la poignée du sabre pour élever la pointe, et enlever la tête ; se replacer en faisant *haut le sabre*, reprendre le galop ordinaire, et venir déposer la tête enlevée, comme il vient d'être expliqué pour la bague.

Course du dard.

Le cavalier, après avoir saisi le dard ainsi qu'il a été expliqué, se mettra en cercle à droite autour de la tête de Méduse, qui est placée sur un chandelier de bois vers les deux tiers du manége, et à la gauche des personnes à qui on rend les honneurs.

Après avoir exécuté le maniement du dard, lorsqu'on sera arrivé au second coin de droite, prendre un changement de main, en se dirigeant sur la tête de Méduse, de manière à la laisser à sa droite ; allonger le galop et exécuter le septième mouvement du maniement du dard ; à six mètres environ, lancer le dard et continuer le changement de main en ralentissant l'allure.

CHAPITRE VII.

LEÇONS DE VOLTIGE.

Les leçons de voltige sont une espèce de gymnastique à cheval; tout en développant l'agilité, la souplesse et la force du cavalier militaire, elles lui apprennent à sortir de certaines positions difficiles à la guerre.

On se sert d'une selle particulière, dite de voltige.

PREMIÈRE LEÇON.

VOLTIGE DE PIED FERME.

Sauter à cheval et à terre.

Se placer à l'épaule gauche du cheval, prendre une poignée de crins de la main gauche, les ongles en dessus, les doigts fermés, la main droite sur le pommeau de la selle, les doigts allongés sur le quartier, le pouce en dessous et dans le creux du pommeau, le corps droit, les genoux et la pointe des pieds très en dehors.

Pour sauter à cheval, plier sur les jarrets, s'enlever en les tendant et en s'appuyant sur la pointe des pieds, tirer les crins à soi, le corps soutenu sur le poignet droit; marquer un temps d'arrêt, le corps droit, la tête haute; passer ensuite la jambe droite par-dessus la croupe sans la toucher; se placer légèrement en selle, en abandonnant la crinière et le pommeau.

Pour sauter à terre, saisir la crinière et le pommeau comme pour sauter à cheval; porter les jambes en avant, et, en les ramenant vivement en arrière, s'enlever sur les poignets, en s'appuyant davantage sur le gauche; passer la jambe droite tendue par-dessus la croupe, ramener la cuisse droite près de la gauche, et arriver à terre sur les deux pieds, en pliant un peu les jarrets.

On exerce les élèves à sauter à cheval et à terre plusieurs fois de suite à gauche et à droite.

On les fait rester quelque temps sur les poignets, afin de leur donner l'habitude de se soutenir ainsi.

Étant à cheval, s'enlever sur les poignets.

Prendre la crinière et le pommeau, comme il a été dit, donner à ses jambes un mouvement de balancement d'avant en arrière, saisir le moment où leur impulsion en arrière est bien déterminée pour s'enlever sur les deux poignets, les jambes tendues; dans cette position, faire passer la jambe droite par dessus la croupe, en se soutenant sur le bras droit, la repasser de suite pour se remettre à cheval, en avançant l'épaule droite, et le corps toujours reposant sur le bras droit.

On fait répéter ce mouvement plusieurs fois de suite.

Étant à cheval, s'asseoir de côté.

Saisir le pommeau de la main gauche, élever la jambe droite par-dessus l'encolure et se placer en selle, les deux jambes tombant à gauche; la main droite saisira de suite le pommeau.

Pour s'asseoir à droite, employer les moyens contraires.

On peut aussi se remettre à cheval en repassant la jambe qui est en avant par-dessus l'encolure.

Étant assis de côté, se remettre à cheval.

Saisir la crinière avec la main gauche, et le pommeau avec la main droite, s'enlever sur les poignets et passer la jambe droite par-dessus la croupe pour se remettre à cheval.

Pour se remettre à cheval étant assis à droite, on fera usage des moyens inverses.

S'asseoir de côté en passant une jambe par-dessus la croupe.

Au lieu de se remettre en selle, ainsi qu'il a été expliqué, après avoir passé l'une ou l'autre jambe par-dessus la croupe du cheval, la glisser rapidement en avant, entre soi et le corps du cheval, de manière à pouvoir s'asseoir de côté.

Les ciseaux.

Étant à cheval, saisir le pommeau des deux mains, les doigts en dessous ; élever les jambes en avant le plus haut possible, en penchant le haut du corps en arrière ; se donner alors une vive secousse pour chasser les jambes en arrière, sans plier les genoux ni les cuisses, s'enlever sur les poignets, les deux bras tendus ; le corps étant dans une position horizontale, croiser les cuisses en se retournant et abandonnant la selle de la main opposée au côté vers lequel on se retourne ; abandonner aussi le pommeau de l'autre main, au moment où le corps se relève pour se trouver à cheval face en arrière.

Pour se remettre dans le sens ordinaire, placer chaque main sur un des coins de derrière de la selle, s'asseoir le plus possible sur le pommeau, donner à ses jambes une vive impulsion de balancement ; comme il a été dit ; mais, au lieu de s'enlever tout à fait sur les poignets, plier les coudes en dehors, afin que la poitrine vienne toucher la croupe du cheval, et que les jambes s'enlevant d'elles-mêmes, on n'ait qu'à les croiser pour faire les ciseaux.

Sauter à cheval d'un seul temps.

Sauter à cheval, comme il a été dit précédemment ; mais, au moment où l'on s'enlève sur les poignets, écarter vivement la jambe droite pour la

passer rapidement par-dessus la croupe, en assurant la jambe gauche à l'épaule.

Autre manière de sauter à cheval.

On peut aussi sauter à cheval en saisissant le
pommeau avec les deux mains, la droite en dessus,
la gauche en dessous ; s'enlever rapidement en se
soutenant sur le bras droit.

Franchir le cheval de gauche à droite.

Se placer comme pour sauter à cheval, s'enlever
sur les deux poignets, mais en inclinant le corps
horizontalement sur l'encolure, la tête soutenue ;
jeter les jambes réunies et allongées par-dessus la
croupe du cheval, en leur faisant décrire un demi-
cercle, le corps restant un moment soutenu sur les
deux bras tendus ; arriver à terre à l'épaule droite,
les deux pieds sur la même ligne.

Autre manière de franchir le cheval.

Placer les deux mains au pommeau, s'enlever
des deux pieds, en tirant à soi le pommeau, plier
les genoux vers la poitrine, les deux jambes réunies, et les passer ainsi par-dessus la croupe, en
inclinant le corps à gauche ; arriver à terre.

Autre manière de franchir.

Saisir le pommeau de la main gauche, la main

droite sur le derrière de la selle, les doigts à la croupière; s'enlever sur les deux poignets, le corps incliné à gauche, le coude gauche ployé et près de la hanche, la tête soutenue; jeter les jambes allongées par-dessus la croupe, en avançant l'épaule droite et abandonnant la selle de la main droite; arriver à terre à l'épaule du cheval, le corps droit.

Franchir de droite à gauche.

Par les moyens contraires à ceux indiqués pour sauter de gauche à droite.

Sauter à cheval, la jambe droite par-dessus l'encolure.

Saisir le pommeau des deux mains; s'élancer avec force des deux pieds, en pliant les jarrets, le corps soutenu un peu en arrière; en s'enlevant, lâcher le pommeau et lancer vivement la jambe droite par-dessus l'encolure pour se mettre à cheval.

A cheval, faisant face en arrière.

Placer la main gauche au pommeau, la main droite sur le derrière de la selle; s'élancer avec force des deux pieds, en pliant les jarrets et en s'aidant des deux mains; lâcher le pommeau de la main gauche et tourner sur le bras droit, l'épaule gauche en arrière; déployer la jambe gauche pour la faire passer par-dessus la croupe, et se mettre à cheval face en arrière.

Pour exécuter ce temps en passant la jambe droite par-dessus l'encolure, mêmes principes que ci-dessus et moyens inverses, en se tournant sur le bras gauche, lâchant la selle de la main droite, et déployant la jambe droite le plus haut possible.

Sauter à cheval d'une seule main.

Placer la main droite sur le pommeau ; plier les jarrets, s'enlever avec force, le corps droit, la jambe gauche à l'épaule du cheval ; passer de suite la jambe droite par-dessus la croupe en avançant l'épaule droite.

DEUXIÈME LEÇON.

VOLTIGE EN PRENANT DE L'ÉLAN.

Sauter à cheval par la croupe.

Se placer à trois ou quatre mètres de la croupe ; arriver en courant, et, lorsqu'on est à portée de s'élancer, battre des deux pieds ensemble sur le terrain pour sauter en hauteur, en pliant sur les jarrets ; appuyer avec force les deux mains sur la croupe, écarter les jambes, et arriver en selle le corps droit.

Sauter en croupe, faisant face en arrière.

En s'élançant comme il est dit précédemment, pirouetter sur les poignets, l'épaule droite en avant, et, faisant passer la jambe droite par-dessus la croupe, s'y asseoir face en arrière.

Sauter à cheval par le côté.

Prendre son élan en courant, battre à terre des deux pieds et s'enlever, la main gauche sur le pommeau, la droite sur le derrière de la selle ; passer la jambe droite par-dessus la croupe en quittant la selle de la main droite, le poids du corps à gauche, et se placer à cheval la ceinture en avant.

Pour exécuter le même mouvement en faisant face en arrière, élever la jambe gauche par-dessus l'encolure, et lâcher le pommeau pour laisser passer la jambe.

Même saut, la jambe droite par-dessus l'encolure.

S'élancer comme il a été dit, placer la main droite en arrière du pommeau, en avançant l'épaule droite ; passer la jambe droite par-dessus l'encolure et retirer la main droite après le coup de jarret donné, afin de pouvoir arriver en selle.

Franchir le cheval de gauche à droite.

Prendre son élan en courant et exécuter le neuvième mouvement, mais en ne laissant que la main gauche au pommeau.

TROISIÈME LEÇON.

VOLTIGE AU GALOP.

Ce travail a toujours lieu sur le pied gauche. Le cheval est maintenu sur le cercle par la longe; les rênes du filet sont fixées au crochet du pommeau; celles de la bride sont fixées sur l'encolure par le bouton coulant, l'extrémité arrêtée au crochet. Il faut veiller à ce que le galop soit toujours juste.

Sauter à cheval et à terre.

Le cavalier se place et saisit les crins et le pommeau comme il est dit précédemment; il a le pied gauche en avant et à côté de celui du cheval, le pied droit en arrière.

Le cheval est mis en mouvement successivement au pas, au trot et au galop; le cavalier le suit en mesure, pliant les jarrets chaque fois qu'il touche le sol. A l'allure du galop, le cavalier doit poser à terre et s'enlever en même temps que l'extrémité antérieure gauche, et s'appuyer un peu plus sur la jambe droite que sur la gauche.

Pour sauter à cheval, saisir le moment où le

cheval s'enlève du devant, afin de s'élancer en tendant fortement les jarrets et les coudes-pieds, et se mettre à cheval comme il a été dit.

Pour sauter à terre, mêmes moyens que pour s'enlever sur les poignets ; arriver à terre des deux pieds ensemble et en pliant les jarrets.

On exerce le cavalier à ressauter à cheval aussitôt après avoir sauté à terre, en saisissant bien la cadence du galop.

Saut de dame.

S'asseoir à gauche, saisir le pommeau des deux mains, sauter à terre en se retournant vers le cheval ; s'élancer d'un seul temps comme pour franchir le cheval de gauche à droite ; mais, au lieu d'arriver à terre, s'asseoir à droite au moment du saut, s'appuyer fortement sur le poignet gauche et reculer l'épaule droite.

Les ciseaux.

Mêmes moyens que ceux indiqués précédemment.

Sauter à cheval, face en arrière.

Sauter d'abord à terre, comme il a été dit, et ressauter de suite à cheval face en arrière, les deux mains restant au pommeau de la selle pour s'enlever, la main gauche ne le lâchant qu'au moment où l'on se retourne face en arrière.

ÉDUCATION

ET

DRESSAGE DU CHEVAL.

La durée et la valeur des services que le cheval est susceptible de rendre, dépendent de la manière dont il a été dressé. On ne doit demander au poulain que l'exercice ou le travail auquel il peut répondre, en raison de son âge, de sa force et de ses moyens. Exiger au-delà de ce qu'il peut faire, c'est provoquer ses défenses et amener inévitablement des tares et son usure prématurée.

Le degré de sang d'un cheval, la manière dont il a été nourri, le travail auquel il a pu être soumis chez l'éleveur, doivent faire juger l'époque plus ou moins rapprochée où il sera susceptible d'être mis en service. Néanmoins, quels que soient les bons soins qu'il aura reçus, il y a toujours l'époque critique où le poulain prend ses dernières dents de cheval et où les gourmes peuvent survenir ; c'est pourquoi il ne faut lui demander qu'un travail modéré, de quatre à cinq ans ; l'exercice auquel on le soumet doit être alors tout dans l'intérêt de sa santé : ce sera un commencement d'éducation qui le met-

tra à même d'être dressé promptement quand il
aura acquis toute sa force et son développement.

On doit régler le dressage du jeune cheval en raison de ses qualités, de sa force, de son degré de sang
et de la manière dont il a été nourri dans le jeune âge.
Il est clair que celui qui est resté à l'herbe jusqu'à
quatre ans demande plus de ménagements que celui
qui, dès l'âge de dix-huit mois, a été employé aux
travaux de la terre et fortement nourri, ou encore,
comme le cheval de pur sang, qui aura été élevé à
l'avoine depuis sa naissance. Si nous sommes ennemi des exigences prématurées, nous sommes
partisan de tout travail intelligent qui, sans fatiguer le cheval, tend à développer dès le jeune âge
sa force musculaire et ses moyens. Une bonne nourriture est aussi nécessaire pour aider ce dévelop-
ment qu'un travail mesuré et progressif. Nous
ajouterons encore qu'avec une nourriture substantielle, réparatrice, l'exercice devient indispensable
et qu'il combat la tendance des maladies inflammatoires.

Avant de faire monter le cheval, on doit le familiariser dans l'écurie à l'approche de l'homme, à se
laisser brider et à souffrir la pression des sangles.

On le promènera ensuite avec la cavecine, puis
avec le caveçon à grande longe, sans le monter.

Le travail en cercle à la longe est le point de
départ de l'éducation du jeune cheval.

Le caveçon qu'on doit employer pour faire trotter un cheval doit être large, bien rembourré, afin

de ne pas blesser le chanfrein. Il doit être placé assez haut pour ne pas gêner la respiration, et assez serré pour ne pas avoir trop de jeu, ce qui rendrait son action trop violente.

La longe, qui doit se boucler à l'anneau du milieu du caveçon, doit être d'un assez fort diamètre pour qu'on puisse la fixer facilement et maîtriser le cheval.

Manière de tenir la longe et de s'en servir.

La longueur de la longe doit être de cinq à six mètres ; on la diminue en raison du cercle que l'on veut parcourir ; on la prend avec les deux mains, l'extrémité dans la main gauche. Pour la raccourcir, on étend les deux bras pour la tirer par brassée, en mettant dans la main gauche la partie prise par la main droite. On la dispose ainsi par plis égaux jusqu'à ce qu'on la trouve suffisamment raccourcie ; la main gauche se place alors sur la hanche gauche, et la main droite se porte en avant pour maintenir la longe et la faire agir.

Nota. Ceci s'exécute lorsque l'on fait marcher le cheval à main gauche ; les effets contraires ont lieu quand on marche à droite.

Lorsqu'on veut diminuer l'allure, on détermine avec la main droite de petites secousses horizontales, de manière à donner à la longe une légère oscillation, qui, se communiquant au caveçon, produit de petites saccades sur le chanfrein.

Lorsqu'on veut donner au caveçon une action plus forte, afin d'arrêter le cheval qui s'emporte, et le corriger quand il se défend, on tire à soi la longe avec la main droite ; lorsqu'elle est bien tendue, on élève la main en la portant en avant, et on la retire brusquement aussitôt en l'abaissant verticalement, afin d'imprimer une forte secousse du caveçon sur le chanfrein.

L'emploi du caveçon, comme correction, est d'un très-grand secours dans le dressage des chevaux de tout âge. C'est pourquoi il importe de savoir s'en servir et d'en connaître parfaitement la valeur. C'est un instrument aussi utile dans une main habile que dangereux dans celle qui ne sait pas l'employer.

Les premières leçons de longe doivent toujours être données par deux personnes ; l'une tient la longe, l'autre la chambrière, pour suivre le cheval, pour le faire s'éloigner ou se rapprocher, ou pour provoquer l'accélération de l'allure. Cette dernière personne doit toujours agir d'après les instructions données par celle qui tient la longe.

Lorsqu'on veut faire marcher le cheval en cercle, il faut le diriger sur la ligne circulaire, en donnant à la longe environ un mètre de longueur ; à mesure que le cheval, suivi de la personne qui tient la chambrière, se porte avec confiance sur le cercle, on déploie la longe en se reculant, de manière à l'allonger et à augmenter ainsi le cercle que l'on veut suivre ; le diamètre ordinaire de ce cercle doit

être environ de huit mètres ; il est assez grand pour
que le cheval ne soit pas gêné dans ses mouvements,
et assez restreint pour que l'on puisse toujours être
maître de lui. Une fois que l'on a donné à la longe
la longueur voulue, quatre mètres, la personne qui
la tient doit rester en place, afin de mieux régulariser le travail du cercle au centre duquel elle se
trouve.

Le cheval étant mis sur le cercle à main droite,
on lui fera faire plusieurs tours au pas ou au trot.
Quand il marchera avec confiance et franchise à
cette main, on raccourcira la longe pour attirer le
cheval à soi, on le caressera et on le disposera à
marcher à main gauche, en usant des mêmes
moyens que nous avons indiqués pour le mettre à
droite. Quand on attirera le cheval à soi, l'homme
qui tient la longe se placera ensuite de manière à
diriger le cheval à gauche.

On alternera souvent le travail à main droite et
à main gauche, afin d'avoir souvent occasion, en
attirant le cheval à soi, de le caresser et de l'habituer aux effets du caveçon, et surtout pour faire
travailler alternativement les deux épaules ; on
arrivera ainsi par un travail progressif à mettre un
cheval au pas, au trot et au galop et à régler ses
allures.

Emploi de l'homme de bois.

L'enrênement concourt beaucoup à régler le mouvement du cheval et à habituer la bouche au con-

tact du frein qui doit servir plus tard à le diriger.

L'enrênement se fait avec un instrument que l'on appelle homme de bois, ou tout simplement sur un surfaix d'écurie, sur lequel on a fixé deux boucles, des deux côtés du coussinet.

Après avoir bridé le cheval avec le bridon, on passe les rênes dans les boucles de l'homme de bois ou du surfaix et on les arrête également, lorsqu'elles sont assez tendues, pour imprimer à la bouche du cheval une légère sujétion. A mesure que le cheval, en marchant, prend confiance sur cet appui, on l'augmente progressivement en raccourcissant les rênes, toutefois jamais assez pour empêcher le mouvement de se produire lorsqu'il est sollicité. Si l'on remarque que le cheval, tout en marchant, fait prendre à son encolure une position fausse, en la pliant trop d'un côté, on tend alors la rêne du côté qui paraît le plus raide, afin de l'assouplir.

Avec l'aide du caveçon et d'un enrênement bien entendu, on régularise les mouvements et la position du cheval, tout en le familiarisant et en l'habituant à la domination.

Généralités.

Dans le résumé des principes de l'ancienne équitation on verra que le travail préparatoire se faisait autour d'un pilier et même entre deux piliers; nous croyons préférable dans l'intérêt du cheval de l'exécuter comme on vient de l'indiquer. Le cheval est d'abord moins restreint, et l'homme, en contact constant avec lui, peut mieux sentir la nécessité d'augmenter ou de modifier les effets du caveçon. Les piliers peuvent aussi avoir quelquefois leur utilité avec les chevaux violents, difficiles à maîtriser. Leur emploi est bon aussi pour apprendre à un cheval à ranger les hanches et à prendre du tride dans les mouvements.

Lorsque le cheval aura été exercé assez de temps pour qu'aux moindres indications de la voix, de la chambrière et du caveçon, il marche régulièrement et sagement aux trois allures, on le sellera, et laissant les étriers tombants, on lui fera répéter le travail précédent ; les rênes du bridon se fixeront alors au pommeau de la selle.

Quand le cheval ne sera plus effrayé des étriers, on commencera alors la leçon du montoir ; l'homme qui tiendra la longe se placera en face du cheval, la main droite tiendra la longe à trente ou trente-cinq centimètres du caveçon ; la personne qui tiendra la chambrière se placera du côté droit du cheval, et fera effort sur l'étrivière droite, de haut en bas, pour faire contre-poids et empêcher la selle de tourner lorsque le cavalier s'appuiera sur l'étrier gauche. Le cavalier abordera alors le cheval avec précaution, en le caressant, et prendra l'étrier avec la main droite pour le placer dans le pied gauche ; il s'enlèvera légèrement sur l'étrier, et n'enfourchera le cheval que lorsqu'il le sentira en confiance. Si le cheval présente des difficultés, s'il se jette de côté, se presse sur l'homme et cherche à bondir, la personne qui tiendra la longe donnera des saccades du caveçon en abaissant la main verticalement : ces saccades devront être assez marquées pour maîtriser le cheval ; on les répétera tant qu'il cherchera à se soustraire à l'approche du cavalier.

Une fois à cheval, le cavalier prendra les rênes du bridon et fixera sa main de manière à offrir à la bouche l'appui que le cheval a pris précédemment, lorsqu'il était enrêné sur l'homme de bois ou le surfaix.

Dans les premières leçons, le cavalier doit se contenter de fixer sa position, d'assurer les mains, et laisser tomber les jambes sans les faire agir. L'homme qui tient la longe et celui qui tient la chambrière font alors répéter le travail qu'on a fait précédemment avec l'homme de bois ; le cavalier doit se contenter de caresser le cheval sur l'encolure, de le flatter de la voix, lorsqu'il le monte, quand il veut descendre ou lorsque, étant en mouvement, il le sent en confiance.

Le cheval n'étant plus effrayé du cavalier, on commencera à faire agir les jambes pour le pousser en avant ; on pourra joindre à cette action les appels de langue, l'aide légère de la cravache ; on combinera ces diverses indications avec celles que la personne qui tient la chambrière a dû donner précédemment pour accélérer l'allure. De même quand le cavalier voudra arrêter, il relâchera les jambes, et portera la main en arrière, en même temps que l'homme qui tient la longe agira de son côté pour indiquer l'arrêt. De même, lorsque le cavalier voudra changer de direction, les mains agiront, comme nous l'avons expliqué dans l'emploi du bridon, par traction et pulsion, en même temps que la personne qui tient la longe attirera le cheval à elle.

Les personnes qui tiennent la longe et la chambrière cesseront insensiblement leur action pour laisser le cavalier agir seul.

Quand le cheval se portera en avant, tournera à droite et à gauche par l'effet des jambes et des mains du cavalier, on lui ôtera le caveçon.

On doit, pour quelque temps, supprimer le travail en cercle.

Comme la première de toutes les conditions est de rendre un cheval franc devant lui, on commencera par le travail de lignes droites, afin de le diriger dans le mouvement en avant et direct. Il est bon de le faire précéder par un cheval fait. Celui-ci lui servira de guide et l'engagera à passer avec franchise devant les objets qui l'eussent effrayé s'il s'était trouvé seul. Étant ainsi guidé, il s'accoutume à se porter en avant, et à prendre de lui-même ce soutien sur la main, si nécessaire pour assurer la franchise des chevaux et pour les diriger avec certitude.

Nous pouvons encore ici rappeler les préceptes de l'ancienne équitation, en ce qui a rapport à l'éducation des jeunes chevaux. On cherchait à les appuyer sur la main et à les rendre fermes du col, afin qu'ils fussent francs dans le mouvement en avant. Ce n'était qu'ensuite, en raison des usages et des besoins de l'époque, que l'on soumettait les chevaux à des assouplissements plus ou moins marqués pour restreindre et donner du tride aux mouvements.

Il doit en être de même de nos jours; on doit chercher à obtenir la franchise dans le mouvement en avant ; c'est l'action la moins fatigante, la plus facile et la plus utile pour le cavalier. Dans un mouvement si simple et si naturel au cheval, il n'aura aucune idée de défense, parce que rien ne provoquera sa résistance. La défense ne se produit que lorsque l'on veut exiger des mouvements inconnus au cheval ou qu'on lui demande ce qui est au-dessus de ses forces.

L'exercice des lignes droites se fera ainsi au pas, au trot et au galop, jusqu'à ce que le cheval, obéissant à l'action des jambes et même des coups de talons non armés d'éperons, prenne sur les bridons un soutien assez marqué. Ce résultat ne sera pas long à obtenir, si dans toutes les allures on a soin de le faire précéder par le cheval qui doit lui servir de maître d'école. L'action naturelle qu'il emploiera pour le suivre, se maintenir à sa hauteur, le fera s'appuyer sur la main sans qu'il s'en doute. Du moment où cet appui sera bien établi, le cavalier deviendra maître de la conduite.

C'est alors qu'il le mènera seul, en se contentant de lui faire parcourir des lignes droites, et en le poussant toujours sur la main par l'action des jambes. Après avoir trotté et galopé sur des lignes droites, on terminera par un travail au pas en cercle, en changeant souvent de main.

En raison de la susceptibilité ou de la force du cheval, on recommencera ce travail tous les jours ou tous les deux jours. Quand le cheval répondra sagement à ces diverses demandes, et qu'il aura pris assez de force et de confiance, on lui mettra la bride. On doit employer un mors doux et tenir la gourmette lâche, afin qu'il prenne facilement son appui sur le mors. On répétera le travail qu'on a fait avec le bridon.

Quand le cheval aura été confirmé dans son soutien avec le mors en travaillant sur des lignes droites, on le fera tourner à gauche ou à droite par l'ouverture et l'appui des rênes. Ces effets, dont l'application a déjà été donnée, seront promptement compris du cheval, s'il est assez franc dans le mouvement en avant. On peut, dans le principe, associer à ces effets ceux du filet qui agit comme le bridon.

L'action d'avant en arrière du mors, pour provoquer le déplacement rétrograde, doit rester ignorée du cheval, jusqu'à ce qu'il comprenne bien les effets qui ont pour but de le tourner et de l'arrêter. C'est pourquoi il faut, comme nous l'avons dit, employer d'abord un mors doux et la gourmette lâche pour ne pas affecter trop durement la bouche et ne pas mettre le cheval dans le cas de se jeter dans un mouvement rétrograde, mouvement qui serait toujours désordonné s'il était provoqué par une embouchure trop dure.

Il est toujours temps d'apprendre à un cheval à reculer. C'est un mouvement nécessaire, sans doute, mais il n'est que secondaire. Aussi est-ce la dernière chose à demander.

L'arrière-main est la partie du cheval la plus susceptible ; lui demander trop tôt des mouvements que, dans l'état de nature, le cheval n'emploie que très-exceptionnellement, c'est s'exposer à le tarer, et faire perdre à l'arrière-main sa qualité essentielle qui est de pousser la masse en avant.

Si nous avons besoin de porter le cheval dans le mouvement rétrograde, il ne faut le demander qu'avec discrétion, au fur et à mesure que le cheval acquiert de la force et de la souplesse, et que le cavalier s'est mis assez en rapport avec le cheval pour lui faire comprendre l'action des aides qui peuvent favoriser, aider et soutenir ces déplacements.

L'excès de ce travail ne peut servir qu'à le tarer, à diminuer sa franchise, à provoquer sa défense, à la faire naître et lui donner les moyens de se soustraire à la volonté du cavalier ; on doit comprendre combien il faut en être sobre sur un jeune cheval (1).

---

(1) Il est très-bon quelquefois d'atteler un jeune cheval de selle qui n'a pas pris toute sa force dans les reins ou dans les jarrets, ou qui a besoin d'être engagé sur l'avant-main.

Avant de demander le mouvement rétrograde, il faut, pour confirmer la franchise, faire connaître l'éperon au cheval et lui apprendre à se porter en avant à ses attaques.

L'emploi de l'éperon sur un cheval qui ne le connaît pas, peut souvent, en raison de la sensation douloureuse qu'il éprouve et de la manière dont la masse est engagée au moment de l'attaque, le faire s'arrêter, reculer et bondir; c'est pourquoi il ne faut commencer à lui faire connaître l'éperon que lorsque, par avance, il aura été placé dans les meilleures conditions du mouvement en avant, de manière qu'étant surpris par cette attaque, il ne puisse faire rien autre chose qu'accélérer l'allure.

Ainsi, lorsqu'un jeune cheval suit par impulsion et dans une allure allongée le cheval qui le précède, tout son poids étant porté sur l'avant-main, c'est le moment le plus opportun pour lui approcher les éperons.

Si, placé dans des conditions aussi favorables pour se porter en avant, le cheval que l'on attaque s'arrête, se jette de côté ou recule, on devra lui mettre la longe; on le poussera alors en avant avec le gras des jambes; puis on lui fera sentir l'éperon en même temps que la personne qui tient la chambrière frappera vigoureusement le cheval pour le pousser en avant.

Si l'on n'a pas le secours d'une longe et d'une chambrière, le cavalier doit se servir de la cravache, qu'il applique par coups redoublés sur les flancs du cheval pour le chasser devant lui.

Le jeune cheval qui répond franchement aux attaques de l'éperon peut être considéré comme très-avancé dans son dressage; rendu ainsi plus fidèle à l'action des jambes et confirmé dans son rapport avec la main, il est susceptible d'être soumis à un travail plus renfermé; c'est alors qu'on pourra lui faire exécuter le travail de la reprise simple de manége : ce travail allégera l'avant-main, assouplira l'arrière-main et apprendra à exécuter les mouvements de côté.

Pour amener le cheval à exécuter les mouvements obliques ou par côté, il est bon de le faire marcher le long des murs en demandant le travail de la demi-hanche; maintenu par un mur, il s'habitue facilement à ranger les hanches à l'action plus marquée d'une jambe; la main, n'ayant plus autant à le maintenir, pour l'empêcher de se porter en avant, peut mieux marquer les indications des effets de rêne, qui servent à seconder dans les mouvements obliques l'action des jambes.

Si le jeune cheval se refuse à exécuter ces mouvements de demi-hanche, on peut alors s'aider du caveçon ou de la chambrière. Par exemple, s'il ne répond pas à l'action de la jambe gauche pour diriger les hanches à droite, ou à l'effet d'appui de la rêne droite pour engager l'avant-main à gauche, ou bien encore à l'effet d'ouverture de la rêne gauche, toujours pour engager l'avant-main gauche, on mettra pied à terre pour lui mettre le caveçon, on le maintiendra ensuite en face du mur, et, avec la chambrière ou la cravache, on donnera de petits coups sur le flanc gauche pour faire échapper l'arrière-main de gauche à droite ; on ne laissera les épaules aller à droite qu'en raison de la manière dont l'arrière-main s'engagera de ce côté. Si l'avant-main se porte trop à gauche, il faudra cesser de tirer sur la longe pour prendre le cheval par la bride et pousser la tête du côté où l'on veut faire appuyer l'avant-main.

Nota. — Très-souvent le cheval se refuse à marcher sur les pas de côté, parce que c'est un mouvement qui lui est inconnu ; en l'exerçant comme nous venons de l'indiquer, il apprend à croiser les jambes ; lorsqu'il est familiarisé à cette manière de chevaucher, on le monte pour lui faire exécuter ce mouvement avec le secours des aides, auxquelles on associe pour quelque temps l'emploi de la longe et de la chambrière.

Lorsqu'il obéit avec confiance à ces diverses exigences, on lui demandera le mouvement rétrograde, auquel il répondra d'autant plus facilement qu'il aura acquis une connaissance plus grande des aides.

Si, pour reculer, le cheval ne cédait pas à l'action du mors et arc-boutait ses membres de derrière, on se servirait alors du caveçon, que l'on ferait agir par saccades successives et dont on augmenterait la force, jusqu'à ce qu'il se porte en arrière.

On combinera ensuite l'action du mors et même celle des jambes avec l'action du caveçon pour arriver à ne plus agir qu'avec les aides.

C'est premièrement en raison de l'espèce, et secondement en raison de la conformation du cheval, que le cavalier doit mesurer ses exigences. On doit donc, avant de le monter, en faire l'examen sous les deux rapports que nous venons d'indiquer.

A l'égard de l'espèce, on cherchera à reconnaître s'il est d'un tempérament nerveux ou sanguin, afin d'agir avec ménagement, ou bien avec plus d'énergie s'il est d'un tempérament lymphatique.

Sous le rapport de la conformation, on examinera la direction de ses épaules, l'attache de l'encolure, la ligne du dos, l'attache et la longueur du rein, la disposition de la croupe, la longueur des hanches et leur plus ou moins d'ouverture, les aplombs des membres antérieurs et postérieurs, la construction des jarrets, etc.

Ce sera en raison de la direction de ces diverses lignes, des angles plus ou moins ouverts des rayons articulaires, comme du plus ou moins de netteté dans les jarrets, que l'on pourra pressentir les ressources qu'offre chaque cheval, et les difficultés qu'il pourra présenter.

Le dressage d'un jeune cheval, comme la conduite d'un cheval fait, doit être une étude continuelle d'observation ; il n'est pas possible de lui donner des qualités qu'il ne possède pas, on ne peut que lui venir en aide en le plaçant dans les conditions les meilleures pour qu'il marche et travaille selon la nature de ses moyens, c'est-à-dire qu'il faut le mettre dans le cas de faire ce qu'il peut, l'aider pour cela, et non pas lui demander par la rigueur ce qu'il n'a pas la force de donner.

Si l'on outrepasse la mesure des exigences, on court le risque de provoquer les défenses ; si elles se manifestent, on doit s'empresser de revenir au travail simple, au mouvement en avant.

L'homme patient et habile arrivera avec le temps à dresser toute espèce de chevaux ; celui, au contraire, qui veut aller trop vite, qui compte sur sa puissance d'action équestre pour les dompter, les ruine et ne les dresse pas.

Le cheval arrivé à ce degré d'instruction, on le soumet graduellement au travail de la troisième et de la quatrième leçon telles qu'elles ont été écrites ; on complète ainsi son dressage.

C'est ensuite qu'on l'exerce à la connaissance des armes, aux détonations, etc. Il faut toujours marcher graduellement et sans surprise, et ne rien presser quand il s'agit de lui faire connaître quelque chose de nouveau.

Moyens accessoires pour faciliter la conduite du cheval.

Nous avons indiqué tous les principes généraux

qui devaient diriger et motiver l'emploi des aides. Il nous reste quelques mots à dire de certains moyens d'abréger et de faciliter l'éducation du cheval, comme aussi de rendre sa conduite plus sûre et plus juste lorsqu'il présente quelques sérieuses difficultés. La martingale fixe et la martingale à anneaux, par exemple, sont regardées par tous les hommes de cheval pratiques, comme d'une grande utilité pour placer et fixer la tête du cheval, lorsqu'il porte au vent et surtout lorsqu'on le monte en bridon. Il existe des chevaux dont l'encolure est tellement renversée, la tête si mal attachée, que même de bons cavaliers ne les peuvent monter aux allures allongées sans recourir à la martingale. Les jockeys eux-mêmes s'en servent en course, car ils comprennent que de la bonne ou mauvaise position de la tête dépend la disposition générale des forces du cheval. La martingale fixe convient particulièrement aux jeunes chevaux; son point de résistance portant sur le chanfrein, on n'a pas à craindre d'offenser la bouche. Il faut plus de tact pour employer la martingale à anneaux, car elle sert à faire agir les rênes avec une puissance qui pourrait offenser la bouche, si on ne savait s'en servir avec discernement. La martingale à anneaux ramène plus efficacement la tête à une bonne position et peut être employée en course et même pour sauter, puisqu'on peut en diminuer ou annihiler l'effet, et qu'on ne s'en sert qu'avec un second bridon ou une bride.

La muserolle, qu'on rejette souvent sans motifs ou par esprit de contradiction, est cependant très-utile et de nature à prévenir bien des inconvénients dans l'éducation du cheval ; par exemple, le bâillement ou ouverture démesurée des mâchoires et la torsion de ces mêmes mâchoires qui font ce qu'on appelle les *forces* pour se soustraire au contact du mors. La muserolle tend à fixer et à concentrer les effets de la bride, et elle ne doit pas être trop serrée pour laisser à la bouche une liberté suffisante pour permettre à la mâchoire inférieure de céder aux oppositions de la main.

On peut assurément, avec du temps et du savoir, dresser un cheval difficile sans recourir à ces moyens ; mais pourquoi les rejeter, quand ils simplifient le travail ? Il est toujours temps de les mettre de côté lorsqu'on a obtenu complétement le résultat qu'on se proposait, qui est, nous le répétons, de fixer la tête et de concentrer et régulariser les effets du mors.

NOTICE

SUR L'HISTOIRE DE L'ÉQUITATION

DANS SES RAPPORTS AVEC LA CAVALERIE (1)

L'équitation a été de tout temps et sera toujours la base obligée de la cavalerie : aussi est-il arrivé que, tout en ayant servi à réaliser les progrès de cette arme, elle a assuré les siens : elle s'est rationalisée, a posé des principes, formulé des doctrines, est devenue ainsi science et art tout à la fois. C'est ce que vont servir à démontrer les considérations suivantes.

Tant que l'homme a employé le cheval à franchir des distances et à porter des fardeaux, il lui a été facile d'en obtenir ce qu'il voulait ; il ne s'agissait que de le réduire à l'état de bête de somme ou de trait.

Mais lorsqu'il a voulu le monter pour combattre, il a dû chercher à lui faire comprendre, deviner même, en quelque sorte, sa volonté en l'identifiant à sa pensée pour qu'il y réponde ; dès lors, il a senti la nécessité d'employer des procédés plus intelligents et plus justes ; or, cette recherche dans les moyens de conduite du cheval a marqué les premiers pas de l'art raisonné de l'équitation, d'où il faut conclure que la

---

(1) Article communiqué par M. de Saint-Ange.

nécessité de combattre à cheval a inauguré et rationalisé l'art équestre.

Qu'on interroge l'histoire, et elle déposera suffisamment en faveur de cette assertion : elle montrera que toutes les fois que la cavalerie a voulu entrer dans une voie quelconque de progrès, elle n'a pu y réussir qu'en appelant à son secours les conseils de l'équitation, et que, d'autre part, l'équitation s'est perfectionnée en cherchant à aplanir les difficultés que la cavalerie lui a donné à résoudre.

Du concours obligé d'intérêt entre la cavalerie et l'équitation résulte l'alliance intime qui les a unies de tout temps. C'est pourquoi leur histoire se trouve tellement liée qu'on ne saurait étudier l'une sans s'occuper de l'autre.

Nous nous bornerons à indiquer sommairement les principales idées de ce sujet.

L'histoire de l'art équestre comprend deux phases bien distinctes. La première se rapporte à l'équitation instinctive et répond aux temps les plus reculés. La seconde répond aux temps modernes et comprend l'équitation raisonnée.

On a beaucoup discuté pour savoir si on avait commencé par faire porter des fardeaux au cheval ou par le faire tirer. Mais on doit négliger cette question, qui n'offre qu'un intérêt de curiosité scientifique; quoi qu'il en soit, il faut reconnaître que l'homme qui, le premier, a sauté sur le dos d'un cheval et est parvenu à le dompter, a inauguré le premier l'équitation instinctive, qui fut la seule qu'on dut pratiquer dans les premiers âges du monde.

L'histoire des peuples de l'antiquité nous apprend qu'ils possédaient une nombreuse cavalerie; celle de

Pharaon, roi d'Égypte, comptait 60,000 cavaliers et 600 chars.

Lorsque Sésostris marcha à la conquête du monde, il conduisait 24,000 chevaux et 600,000 hommes de pied.

La cavalerie combattait alors tumultueusement, sans ordre et sans discipline. Les auteurs anciens nous en ont donné une juste idée en la définissant par l'expression métaphorique : *la tempête de la cavalerie (procella equitum)*.

A défaut de documents historiques, on doit supposer que les Égyptiens, qui portèrent les arts de la civilisation au plus haut degré de perfection qu'ils puissent atteindre, n'ont pas été étrangers à l'art de l'équitation, et, lorsqu'ils cessèrent d'occuper la première place sur la scène du monde, ils transmirent aux Grecs, qui leur succédèrent, la pratique des arts parmi lesquels dut figurer nécessairement l'équitation.

Il importe de faire remarquer ici la manière dont elle s'introduisit dans l'archipel de la Grèce.

Les peuples de l'Asie et de l'Afrique ont été cavaliers dès leur origine, parce que leurs mœurs, leurs habitudes, le pays qu'ils habitent leur ont fait un besoin d'employer le cheval, soit pour parcourir les vastes mers de sable de leurs contrées, soit pour combattre les tribus ennemies ; ils ont donc été cavaliers par l'habitude d'être toujours à cheval ; c'est pourquoi ils ont pu se passer du secours de l'art.

Il n'en a pas été ainsi chez les peuples de l'Europe et chez les Grecs d'abord, qui habitaient un pays montagneux, peu propre à l'élève du cheval, et ne l'avaient pas vu naître sur le sol, mais l'avaient reçu par l'importation étrangère. On se rappelle à ce sujet le charmant apologue de la fable qui nous montre

Neptune sur son char, traîné par des chevaux marins, traversant les mers de Syrie, pour aborder sur les rivages de l'Adriatique.

Malgré les difficultés qui s'opposèrent à la pratique de l'équitation chez les Grecs, ils devinrent bientôt cavaliers, grâce aux leçons qu'ils reçurent des Centaures, des Scythes, leurs envahisseurs, qui, retirés sur le mont Pélion, s'occupaient à dresser des chevaux.

Il appartenait au génie des Grecs d'être les premiers à soumettre au raisonnement l'art de monter à cheval. C'est ce qu'attestent les ouvrages de Xénophon et de Cimon l'Athénien; car ils renferment tous les principes fondamentaux de l'art équestre, et l'on peut les consulter encore avec fruit de nos jours.

Du reste, cette brillante imagination des Grecs, qui savait si bien poétiser tout ce qu'elle touchait, n'avait-elle pas bien compris l'équitation lorsqu'elle imagina le mythe admirable du Centaure : cet être moitié homme, moitié cheval, qui est la personnification la plus ingénieuse et la plus juste qu'on puisse concevoir du cavalier parfait, puisqu'elle suppose qu'il doit être tellement lié à son cheval qu'il ne doit faire avec lui qu'un seul et même individu?

Cette fiction renferme l'idée mère sur laquelle on peut baser un traité complet d'équitation.

L'enseignement de l'équitation ne tarda pas à porter ses fruits chez les Grecs, car ils parvinrent à se créer une cavalerie forte et puissante. On sait que la cavalerie thessalienne et les 6,000 cavaliers d'Épaminondas avaient obtenu une grande renommée dans toute l'Europe.

Pendant les premiers jours de la République, Rome était trop pauvre pour avoir une cavalerie, car on ne saurait appeler ainsi les *Célères*, qui n'étaient que des fantassins à cheval, puisqu'ils ne se servaient de leurs chevaux que pour se rendre sur le lieu du combat.

Bientôt les plus intrépides de ces *Célères* se hasardèrent à escorter à cheval les chefs de l'armée et se battirent à leurs côtés avec une telle bravoure qu'ils en furent récompensés par le titre de *chevaliers*. Ceux-ci devinrent le noyau de cette cavalerie qui obtint une si grande renommée, lorsque le peuple-roi marcha à la conquête du monde.

L'histoire ne nous dit pas la part que l'enseignement équestre eut dans l'organisation de la cavalerie romaine; elle nous apprend seulement qu'elle se recrutait de Gaulois, de Parthes, de Numides; que tous ces cavaliers étaient couverts de fer, comme le dit le nom de *cataphractaires* qu'on leur donna.

Jusqu'au ve siècle, époque de la translation de l'empire romain à Byzance, une simple couverte étendue sur le dos du cheval tenait lieu de selle. Les Orientaux faisaient courber le dos à leurs esclaves pour leur servir de marche-pied lorsqu'ils montaient à cheval. A défaut d'étriers, les Romains s'élançaient à cheval en se rapprochant de certaines bornes, nommées stades, qui étaient disposées à cet usage le long des routes. Ce fut à la fin du ve siècle qu'on inventa l'arçon, et, un siècle plus tard, on lui adapta l'étrier.

Avec ces auxiliaires obligés de l'équitation, les cavaliers eurent la facilité de monter le cheval en tout lieu, à tout moment, et de rester longtemps en selle sans se fatiguer, ce qui dut apporter de grandes modifications dans leur mode d'équitation; mais l'histoire ne nous apprend rien à ce sujet.

Lorsque les Francs s'établirent dans les Gaules, ils

manquaient complétement de cavalerie. On rapporte qu'à la bataille de Tolbiac, Clovis combattit à la tête de quelques cavaliers de son escorte, et que, secondé par leur courage, il gagna la bataille qui lui donna le trône de France. Cette circonstance apprit aux successeurs du roi franc tout le parti que l'on pouvait tirer de la cavalerie dans les combats.

La cavalerie gauloise était en renommée chez les Romains. On peut citer à cet égard le passage de l'excellent ouvrage de M. le lieutenant général de Laroche-Aimon, où il dit que, dans cette longue lutte que Rome soutint contre les Carthaginois, on vit alternativement la victoire passer dans les rangs des deux partis, selon que la cavalerie gauloise fut à la solde de Rome ou de Carthage.

Pendant toute cette longue période de temps qui constitue le moyen âge, on sait que la cavalerie, en France, faisait toute la force des armées ; l'infanterie n'était composée que de vilains et de manants, malheureux qu'on ne pouvait pousser au combat que par la crainte des châtiments ou l'espoir du pillage ; car que pouvait-on attendre de la part de ces hommes qui défendaient un sol qui n'était pas le leur ?

Il importe de parler ici des deux institutions qui ont le plus contribué à la prospérité de la cavalerie et de l'équitation : ce sont la chevalerie et les tournois.

La chevalerie, pendant le moyen âge, représentait toute la cavalerie ; non-seulement elle comptait dans ses rangs l'élite de la noblesse française, mais encore une foule de jeunes gens qui y figuraient comme pages, varlets, courtilliers ; tous, avides de s'élever jusqu'à la dignité de chevaliers, servaient avec la plus grande ardeur, et, passant par tous les grades intermédiaires, recevaient une éducation qui consistait avant tout à apprendre à monter à cheval. Et ceci est si vrai, que tel jeune seigneur qui ne craignait pas d'avouer qu'il n'était pas capable de signer son nom, aurait rougi de dire qu'il ne savait pas monter à cheval; on voit par là combien l'équitation et la cavalerie étaient alors en honneur en France.

Avant que la poudre à canon eût fait justice de l'invulnérabilité des combattants, ce dut être un rude adversaire qu'un chevalier armé de toutes pièces. Ses armes défensives étaient le casque, la cuirasse, les brassards, les gantelets, les cuissards, les jambières. Pour armes offensives, il avait la lance, la dague, la masse d'armes, le poignard à merci et la francisque. Son cheval était couvert de fer, avec des espèces de caparaçons ou bandes de cuir garnies de fer. Une selle à piquer formait, par ses battes et le troussequin, un encaissement qui l'enveloppait jusqu'aux reins en se repliant sur ses cuisses. Elle lui prêtait une solidité nécessaire pour résister au choc de son adversaire dans les luttes des tournois.

Il est facile de concevoir que la position de ces hommes, bardés de fer de la tête aux pieds, devait être raide comme leur armure. Leur moyen de conduite était sans justesse ni progression, puisque leurs jambes tendues, raides et très-éloignées du cheval, ne s'en rapprochaient que par à-coup. D'où il faut conclure que l'équitation au moyen âge, surtout celle des cavaliers militaires, a été une équitation de force et de contrainte, mais qu'elle était ce qu'elle devait être, relativement au genre de combats en usage et à l'espèce de chevaux qui existaient alors.

Les tournois furent un complément nécessaire de la

chevalerie. Il fallait à la jeunesse française un théâ-
tre où elle pût faire briller son adresse et signaler sa
valeur. Les tournois, indépendamment des services
qu'ils ont rendus à l'arme de la cavalerie, ont servi, a-
t-on dit avec juste raison, à naturaliser les vertus
guerrières au sol de la France. En vain a-t-on cherché à en faire la critique, en prétendant que les chevaliers descendaient dans l'arène pour conquérir le
regard des belles et obtenir la faveur d'un prince.
Qu'importe! il n'en est pas moins vrai que les tournois ont beaucoup contribué à habituer les jeunes
seigneurs à faire de l'équitation et à s'occuper de
l'élève du cheval; enfin, ils ont été appelés, à juste
titre, des écoles d'adresse et de courage; car l'histoire
nous apprend que les Du Guesclin et les Bayard y
avaient combattu et gagné leurs éperons, avant de
conduire à la victoire les armées de Charles V et de
François Ier.

Dès la première moitié du xvie siècle, l'équitation
avait perdu beaucoup de son crédit en France; l'établissement des armées permanentes, le discrédit de la
chevalerie et l'abolition des tournois, qu'avait amené
la mort de Henri II, tué par un seigneur de sa cour,
Montgomery; ces causes, disons-nous, avaient fait
quitter les rangs de la cavalerie aux jeunes seigneurs
de la cour et leur avaient fait négliger l'art équestre.

Cependant l'Italie brillait encore par ses écoles d'é-
quitation. Celle de Pignatelli était surtout le rendez-
vous des écuyers de toute l'Europe, qui accouraient
de toutes parts pour venir prendre des leçons du
grand maître.

A cette époque, l'équitation, renfermée dans les
murs du manége, telle que la professait Pluvinel,

continuateur des doctrines de Pignatelli, était raccourcie dans ses mouvements : le travail compliqué
des reprises, la variété des airs de manége, tout ce
qu'on exigeait du cheval, avait amené à le *posséder*
davantage, par les aides des mains et des jambes, à
raccourcir ses allures, et par conséquent à l'assouplir
plus qu'on ne l'avait fait jusqu'alors.

Quoique la poudre à canon ait été inventée dès le
xvie siècle, ce n'est qu'à la bataille d'Ivry, en 1516,
qu'on commença à mettre les armes à feu entre les
mains de la cavalerie. On abandonnait tous les jours
ces lourdes armures du moyen âge pour rendre la cavalerie plus maniable et plus rapide dans ses attaques.

Ces modifications furent secondées par l'équitation,
qui demandait des allures plus franches, plus rapides, des mouvements plus simples, et abandonnait le
travail raccourci des écoles de Pluvinel et de Newcastle pour adopter une manière de monter à cheval
plus en rapport avec les besoins du siècle.

Ces modifications étaient l'avant-coureur d'une révolution complète qui allait s'accomplir dans l'arme
de la cavalerie. Elle fut l'œuvre de Frédéric le Grand.

Mais l'équitation encore ne pouvait rester étrangère
à l'arme dont elle est, avons-nous dit, la base obligée.
C'est ce que va prouver l'histoire des faits.

Lorsque Frédéric le Grand monta sur le trône de
Prusse, il reconnut bientôt que les superbes escadrons
que son père lui avait laissés, étaient loin de former
une bonne cavalerie ; que ces hommes, véritables co-
losses, montés sur des éléphants, ainsi qu'il le dit lui-
même dans ses Mémoires, étaient de très-mauvais
cavaliers, et par conséquent incapables de manœu-
vrer. Dès lors il comprit que leur instruction péchait

par la base et qu'il fallait la recommencer par l'enseignement équestre. Dans ce but il fit construire des
manéges dans toutes les villes des quartiers de cavalerie, mit à leur tête les écuyers les plus capables, et
ordonna que les cavaliers de tous les régiments allas-
sent prendre des leçons de ces maîtres de l'art, qui
devaient leur apprendre à avoir une bonne position,
à conduire leurs chevaux à des allures régulières,
à partir de pied ferme au galop et s'arrêter sur place,
à exécuter enfin tous les mouvements que compor-
tait l'exécution des nouvelles évolutions.

Les bons effets de cette mesure ne se firent pas attendre. Avec des cavaliers montant bien à cheval,
Frédéric ne douta pas de mener à bonne fin la réforme qu'il avait conçue, et, en effet, il parvint à faire
prendre à la cavalerie le véritable rôle qu'elle doit
remplir dans les combats. Dès lors on la vit abandonner l'ordre profond pour prendre l'ordre mince, se
déployer et se reployer avec une grande rapidité ; elle
fut employée à couvrir les grandes manœuvres, pro-
téger les ailes de l'armée, appuyer les cantonnements,
se porter avec la vitesse de l'éclair sur tous les points
où le succès du combat devait être amené par sa
présence, en frappant les coups décisifs. Ainsi l'arme
de la cavalerie reçut sa véritable destination dans les
armées ; elle devint ce qu'elle sera toujours, l'arme du
choc et de l'à-propos par l'impétuosité de ses attaques.

Mais il importe de faire remarquer que le génie de
Frédéric aurait en vain imaginé de créer une ère
nouvelle à la cavalerie, s'il n'avait compris que pour
y réussir il fallait que l'art équestre lui fût en aide,
qu'il lui donnât des cavaliers capables d'exécuter ces
évolutions rapides et instantanées. Ainsi il arriva alors

ce qui s'est produit à toutes les époques de l'histoire de l'arme de la cavalerie, savoir : qu'elle n'a jamais pu entrer dans une voie quelconque de progrès qu'avec le secours de l'équitation.

C'est à La Guerinière que l'on doit la première idée de la position naturelle. C'est lui qui fit abattre les battes et le troussequin de la selle à piquer, la seule qui fût alors en usage. Par cette modification, le cavalier, privé des moyens factices de tenue que lui donnait la première selle dans laquelle il était emboîté, fut obligé de les chercher dans la rectitude de sa position, dans l'équilibre dont le grand maître proclama le premier le principe. Mais qu'on remarque cependant qu'il ne sut pas en déduire toutes les conséquences logiques, qu'il se mit même en contradiction manifeste avec lui, lorsqu'il plaça le cavalier sur l'enfourchure, avec les jarrets tendus.

Quoi qu'il en soit de cette inconséquence, les moyens matériels d'une position naturelle étaient pressentis, les bases de l'enseignement rationnel étaient posées, l'équitation raisonnée et naturelle était inaugurée. En ce sens, il faut le dire, La Guerinière a eu l'honneur d'y rattacher le premier son nom.

Un de ces hommes d'élite qui semblent avoir pour mission de détruire les préjugés et la routine parut alors; ce fut Bourgelat.

Comme Bourgelat réunissait à la science profonde d'un anatomiste, le talent pratique d'un habile écuyer, il comprit que l'étude de l'organisation anatomique du cheval devait résoudre les questions essentielles de l'équitation ; que, de même qu'un mécanicien ne peut bien faire fonctionner une machine industrielle qu'autant qu'il connaît les leviers qui la constituent et le moteur qui les anime : de même le cavalier doit connaître tous les instruments de la machine locomotrice, le sens de leurs mouvements possibles, leur étendue et leurs limites. C'est en s'appuyant sur ces données positives qu'il a fait comprendre que l'équitation devait être une science vraie et démonstrative

En suivant les écuyers du XVIIIe siècle, nous marchons de progrès en progrès. Bourgelat avait interrogé les sciences naturelles pour expliquer le mécanisme des mouvements possibles, en déduire les moyens équestres et les produire.

Dupaty de Clam se présenta bientôt avec de nouvelles doctrines basées sur les mathématiques. Il voulut que la position du cavalier fût constituée par les trois points osseux du bassin. Mais la structure anatomique de l'homme se refuse à cette exigence, en sorte que le savant écuyer commit une grande erreur en voulant faire plier les lois de la nature à celles de l'art. Mais cette erreur fut utile aux successeurs de Dupaty, en leur apprenant qu'on ne peut faire une bonne application des sciences exactes à l'équitation, qu'autant que cette application n'est pas en opposition avec les vues de la nature.

L'école des d'Abzac, tout en suivant les préceptes de La Guerinière, dégagea complétement l'équitation de toutes ses superfluités, des inutilités en vogue au temps de Pluvinel et que la Guerinière avait encore conservées. Les d'Abzac voulaient une équitation moins restreinte et moins raccourcie ; ils pressentaient déjà le changement qui devait un jour s'opérer dans cet art. L'introduction en France des chevaux anglais, montés par les grands seigneurs en chasses royales, les courses, l'organisation meilleure de notre cava-

erie, commençaient à faire comprendre la nécessité
de préparer les chevaux à marcher à des allures plus
franches. A côté des d'Abzac marchaient des écuyers
militaires, tels que Bohan, d'Auvergne, Mothin de la
Salme, le duc de Melfort et de Chabanne.

M. de Bohan, ancien colonel de cavalerie, avait fait
de l'équitation sur les champs de bataille. Là il avait
appris que l'équitation militaire devait être facile,
hardie. Il voulut que la position, de guindée et pré-
tentieuse que l'avaient faite les anciens écuyers de
manége, devînt facile et aisée ; qu'elle répondît aux
nouvelles exigences de l'arme de la cavalerie, depuis
la réforme que lui avait fait subir le grand Frédéric ;
il proscrivit les airs de manége, qu'il stigmatisa du
nom de gambades inutiles à l'homme de guerre.

Toutes ces modifications contribuèrent beaucoup
aux progrès de l'équitation moderne ; il lui restait
encore beaucoup à faire ; il fallait surtout qu'elle s'af-
franchît de l'habitude reçue de renfermer l'enseignement équestre entre les quatre murs d'un manége ; il
fallait qu'elle devînt ce qu'elle est aujourd'hui, qu'elle
fût appropriée aux besoins de notre siècle, capable de
faire un cavalier civil ou militaire, conduisant le cheval avec franchise, hardiesse, habileté, ne reculant pas
plus devant une distance de quinze ou de vingt
lieues à parcourir, que vis-à-vis les obstacles de tous
genres que présente un terrain de chasse ou un champ
de bataille.

C'est dans cet esprit qu'ont été écrites les leçons
précédentes.

ÉDUCATION DU POULAIN

CHEZ LES ARABES (1)

Quoique sevré, le poulain suit encore sa mère au pâturage ; il y trouve ces exercices si nécessaires à sa santé et au développement de ses facultés. Le soir, il vient coucher près de la tente de son maître, où il est l'objet des plus grands soins de toute la famille. C'est ce contact constant qui prépare cette docilité que l'on admire chez les chevaux arabes.

Voilà un bon début qui devrait être imité par tous les éleveurs européens et particulièrement par ceux de France.

Si le poulain, à quinze ou dix-huit mois, n'annonce pas une grande liberté d'épaule, on n'hésite pas à lui mettre le feu à l'articulation scapulo-fémorale ; toutes les parties qui paraissent faibles sont ainsi soumises à cette opération. L'Arabe, prévoyant et connaisseur préfère combattre le mal à son début que d'employer, comme chez nous, le remède lorsque la maladie est incurable.

L'éducation du poulain commence à dix-huit mois, d'abord parce que c'est le seul moyen de l'habituer à la docilité, ensuite parce qu'on arrête ainsi le développement de la rate, ce qui est, disent les Arabes,

---

(1) Extrait du remarquable ouvrage de M. le général de division Daumas, intitulé : *le Cheval du Sahara.*

une chose fort importante pour son avenir. Si on le monte plus tard, il paraîtra plus fort à l'œil, mais en réalité il sera moins propre à la fatigue et à la course.

Voilà un enseignement utile, qui prouve combien sont dans le vrai les gens qui exercent les chevaux de bonne heure et qui fait le procès de ces hommes de routine, ne sachant qu'engraisser les chevaux et n'admettant les premiers exercices que de cinq à six ans. C'est, sans nul doute, à un pareil système que l'on doit tous ces animaux qui, sous l'apparence de la force, sont sans âme, sans allure et sans énergie. Elevés comme des bêtes de boucherie, ils en prennent tous les caractères. Une semblable éducation leur donne de la graisse, de la viande, mais amoindrit les os, les tendons ; refoule les organes respiratoires et leur enlève ainsi toutes les facultés que l'on doit plus tard rechercher en eux. N'est-ce pas aussi à ce déplorable système d'éducation que l'on doit la lenteur de la mise en service et ces maladies inflammatoires qui frappent nos chevaux lorsque nous commençons à les soumettre au travail ?

Le cheval est fait pour marcher et parcourir de longues distances ; il faut donc que, de bonne heure, il soit préparé à ce qu'il doit faire toujours : aussi, chez les Arabes, le cheval marche, pour ainsi dire, constamment : il marche avec son maître, il marche pour chercher sa nourriture, il parcourt de longues distances pour trouver sa boisson : c'est ce genre de vie qui le rend sobre et infatigable.

A dix-huit mois, on commence à faire monter le poulain par un enfant qui le mène boire, qui le conduit au pâturage. Il a pour frein une longe ou un mors de mulet très-doux.

Cet exercice convient à tous deux : l'enfant se fait cavalier, le poulain s'habitue à porter un poids qui est en rapport avec sa force ; il apprend ainsi à marcher et à ne s'effrayer de rien ; c'est ainsi que les Arabes n'ont presque jamais de chevaux rétifs. C'est à cet âge que l'on entrave le poulain ; dans cette manière de captiver le cheval, il y a encore, de la part de l'Arabe, un calcul qui doit tourner un jour au profit du service qu'il pourra rendre. Ainsi, lorsqu'on le met à l'herbe, on lie ensemble un bipède latéral en tenant la corde très-courte, parce qu'alors on a observé que lorsque le poulain se baisse pour brouter, la colonne vertébrale est forcée de se maintenir droite et de devenir plutôt convexe que concave ; si la corde est trop lâche, rien ne maintenant plus la colonne vertébrale, elle prend facilement une mauvaise direction.

Voila de la belle et bonne observation, voilà des choses, faites en temps utile, en état de produire d'excellents résultats pour l'avenir. Cette manière d'agir sur la colonne vertébrale est préférable à nos institutions modernes pour fléchir les mâchoires et les encolures.

A l'âge de vingt-quatre à vingt-sept mois, on commence à brider et seller le poulain, mais ce n'est point sans de grandes précautions ; ainsi, on ne le sellera que lorsqu'il sera déjà habitué au mors ; on lui en met un entouré de laine brute, tant pour ne pas offenser les barres que pour l'engager à le conserver dans sa bouche, par ce goût salé qui lui plaît ; il est bien près d'y être fait quand on le voit mâcher. Cet exercice préparatoire se fait matin et soir.

Autrefois, en France, nous usions d'un moyen analogue. On appelait machicadou un morceau de linge, imprégné de sel et de vinaigre, que l'on plaçait au-

tour des canons du mors ; on avait particulièrement
pour but d'exciter l'appétit du cheval.

Avec les précautions dont nous venons de parler, le
cheval arrive ainsi bien ménagé pour être monté au
commencement de l'automne, c'est-à-dire à trente
mois, et dans une saison où il n'y a plus de mouches.

Les entraves, la selle, la bride, lui étant familières,
sa colonne vertébrale ayant pris de la force, un cavalier le monte sans éperons, avec un mors très-doux,
et l'exerce au pas ; il l'habitue ainsi à la docilité. Il
vaque alors sur son cheval à ses affaires ; il visite ses
amis, ses troupeaux, ses pâturages et n'exige rien que
douceur et obéissance. Il le flatte de la parole et évite
toute lutte dont il ne sortirait vainqueur qu'aux dépens de son cheval.

C'est encore à trente mois que l'on apprend aux poulains à ne jamais fuir leurs cavaliers quand ils ont
mis pied à terre, et même à ne pas bouger de la place
où on leur a passé les rênes par dessus la tête pour les
laisser traîner. On apporte à cette éducation le plus
grand soin, parce qu'elle est très-importante dans la
vie arabe. On met à côté de lui un serviteur qui, po-
sant les pieds sur les rênes chaque fois que l'animal
veut fuir, lui fait ainsi éprouver une secousse désa-
gréable aux barres. Après plusieurs jours de cet exercice, il arrive à rester comme un terme à l'endroit où
il a été laissé ; il y attend son maître des journées en-
tières.

Tous ces principes sont simples, vrais, à la portée
de tous les talents, de toutes les intelligences ; s'ils
étaient mis en pratique par nos éleveurs, ils donne-
raient à leurs chevaux une sagesse et des qualités qui

en rendraient la vente plus prompte et le produit plus élevé. C'est avec un système à peu près analogue que les Anglais et les Allemands doivent la supériorité et le débit facile de leurs chevaux.

De trente mois à trois ans, on continue l'application des principes précédents. Pour confirmer le jeune animal dans cette docilité si nécessaire à la guerre, on s'attache aussi à le rendre très-docile au montoir. Les leçons durent autant de jours qu'il est nécessaire, mais elles sont courtes pour ne pas ennuyer le poulain. Dans les commencements le cavalier se fait aider par deux hommes, dont l'un tient les rênes et l'autre l'étrier ; il finit, avec de la patience, par obtenir une immobilité complète. Les chevaux souffrants ou mal conformés, disent les Arabes, résistent seuls à ces leçons. Cela est vrai et parfaitement vrai. Tout cheval qui persiste à être difficile au montoir a une raison pour s'y refuser. Cette raison est une cause de souffrance qui n'offre pas les garanties d'un bon service. Généralement tous les chevaux quinteux et vicieux, qui ont de ces manies que rien n'explique, et qui ne se rendent pas plus aux moyens de douceur qu'aux châtiments sévères, sont des animaux qui ont un vice dans l'organisation intérieure qui les fait toujours finir misérablement.

De trois à quatre ans, on exige davantage du cheval et on le nourrit plus abondamment ; on commence à le monter avec des éperons ; il s'affermit dans les leçons précédentes, acquiert du courage et apprend à ne s'effrayer de rien : les cris des animaux qui vivent avec lui dans le douar, ceux des bêtes féroces qui rôdent pendant la nuit, et les coups de fusil qu'il entend constamment l'ont bientôt aguerri.

Si, malgré tous les ménagements dont nous venons de parler, on vient à rencontrer un cheval qui se cabre par paresse ou malice, rue, mord, ne veut pas quitter la tente et les autres chevaux, s'effraie des objets extérieurs, au point de ne vouloir passer, on emploie alors la puissance des éperons; on les aiguise, on recourbe la pointe en forme de crochet, et on fait au cheval, sur les flancs, de longues raies sanglantes qui finissent par lui inspirer une frayeur telle, qu'il est bientôt docile. Les chevaux qui ont reçu ce châtiment retombent rarement dans leur premier écart. En même temps que le cavalier se sert des éperons pour châtier le cheval rétif, il le frappe un peu en arrière de la têtière de la bride avec un bâton fort et court.

Tout cela est excellent; c'est la correction que conseillait Frédéric Grison au xvie siècle; il ajoutait aux éperons et à la houssine, des cris irrévérencieux, comme il le dit, tels que : Ah! traître! Ah! maraud! Ah! ribaud! C'était aussi le moyen employé à l'école de Versailles; c'est celui que j'ai toujours mis en usage, et il ne m'a jamais failli.

Les Arabes sont tellement convaincus de l'utilité de la connaissance complète de l'éperon, qu'ils ne croient au cheval réellement dressé pour la guerre, que lorsqu'il a passé par ces rudes épreuves.

Ceci est encore parfaitement vrai; dans une équitation bien entendue, le cheval qui n'est pas franc à l'attaque de l'éperon, qui ne le fuit pas en se portant en avant, n'est pas un cheval dressé : aussi, je ne m'explique pas comment, en France, et dans notre cavalerie surtout, on a pu envisager l'emploi de l'éperon sous un autre point de vue.

Les Arabes disent encore que les éperons ajoutent

un quart à l'équitation du cavalier, un tiers à la valeur du cheval. Ils regardent nos éperons comme tout à fait insuffisants, et ils ont raison, s'ils n'ont vu que les éperons que portent généralement nos soldats. Quel effet, disent-ils, dans un cas où il s'agit de la vie, en obtiendrez-vous avec un cheval fatigué? Ce n'est bon qu'à le rendre rétif ou à le chatouiller; avec nos *chabirs,* nous suçons le cheval : tant que la vie est chez lui, nous allons l'y chercher; ils ne sont impuissants que devant la mort.

Certainement, lorsque le cheval est franc aux attaques de l'éperon, il faut être sobre de son emploi; mais il faut, au préalable, qu'il le connaisse et qu'il le craigne. Je l'ai toujours dit : un cheval ne peut être considéré comme dressé, que lorsqu'il ne se porte pas en avant à son attaque : je suis donc de l'avis des Arabes, d'en avoir de piquants, afin de les trouver dans les cas extrêmes, et surtout de ne pas considérer l'éperon comme une aide qui ne sert qu'à produire le ralentissement.

Chez les Arabes, les professeurs d'équitation sont : la pratique, les traditions et l'exemple. Ce sont, en effet, les meilleurs maîtres. Mais dans un pays comme le nôtre, où le cavalier monte pour la première fois à vingt ans, la leçon est nécessaire, elle est le narré des traditions; l'exemple est chez le professeur; quant à la pratique, qui est, de ces trois conditions, la plus essentielle, c'est elle qui fait souvent défaut par le manque de moyens de la mettre en vigueur.

L'Arabe fait donc lui-même l'éducation de son cheval; le nom de cavalier ne s'acquiert qu'après de grandes preuves d'habileté. Lorsque le cheval est soumis à la volonté de l'homme, qu'il sait marcher dans la plaine ou dans la montagne, son éducation n'est point encore achevée, il convient de le dresser aux exercices suivants :

El djery : la course. On fait courir le cheval, d'abord seul sur une surface plane, en l'excitant avec une baguette et les éperons. On ne lui fait parcourir d'abord que de courtes distances, puis on le fait courir tête à tête avec un vieux cheval qui a de la réputation : le poulain s'anime et cherche à soutenir la lutte. Ces exercices répétés servent aussi à donner au cavalier une connaissance exacte des moyens de son élève.

N'est-ce pas ici en tous points les exercices que nous recommandons dans le complément de l'éducation du jeune cheval ? N'est-ce pas l'entraînement, la préparation à la course pratiqués en Angleterre, comme en France, et qui a trouvé tant de détracteurs de la part de ces hommes à idées fausses, qui ne comprennent le cheval que lorsqu'il est obèse. C'est lorsque le cheval est rendu franc, ce qui est très-rationnel, que l'Arabe arrive progressivement à tous les autres exercices qui ont beaucoup d'analogie avec ceux que nous exécutons dans le travail militaire et de manége.

Ainsi, *el kyama,* la *franchise,* consiste à lancer son cheval au galop et à l'arrêter court devant un mur, un précipice, une rivière, un ravin.

El lotema, le *renversement ;* cet exercice consiste à tourner brusquement à droite ou à gauche après avoir tiré le coup de fusil : c'est le demi-tour ou le demi-volte.

El feuzzáa, départ au galop de pied ferme : c'est encore un travail que nous demandons à nos chevaux de guerre.

Outre les manœuvres nécessaires au combat, les cavaliers renommés dressent leurs **chevaux** pour briller dans les fêtes et les fantasias.

Ainsi, *el entrabe*, la caracole, qui consiste à faire marcher les chevaux sur les pieds de derrière et s'enlever ainsi à mesure que les pieds de devant touchent terre, n'est autre chose que nos anciennes courbettes.

El guetcàa, qui s'exécute en enlevant le cheval des quatre pieds à la fois, en même temps que le cavalier jette son fusil en l'air, n'est autre chose que la cabriole très en usage autrefois dans le manége, et que nous ne demandons plus qu'à nos sauteurs en liberté.

Tous ces exercices nous sont connus; mais, comme on le voit, la progression est rationnelle : le cheval est pratiqué de bonne heure pour le rendre ami de l'homme et pour l'habituer à la fatigue ; puis on le rend franc à l'action des aides, et c'est lorsque l'on est assuré de cette franchise que l'on demande ces exercices qui produiraient la défense chez les chevaux mal commencés.

Du reste, tous ces exercices ne sont pas suivis par tous les Arabes ; chacun en prend ce qui convient à sa position, à sa fortune, à ses goûts, et nous pourrions ajouter selon les moyens de son cheval. Mais tous se conforment aux mêmes principes pour l'éducation du poulain. Ces principes sont résumés dans un proverbe très-répandu qui prouve combien ils attachent d'intérêt à commencer de bonne heure cette éducation :

> Fais-le manger poulain d'un an,
> Il ne se fera pas d'entorses.
> Monte-le de deux à trois ans,
> Jusqu'à ce qu'il soit soumis.
> Nourris-le bien de trois à **quatre**,
> Remonte-le ensuite.
> S'il ne convient pas, vends-le sans balancer.

Lorsque l'Arabe enfreint les règles que nous avons données dans l'éducation de son cheval, s'il le monte trop tôt et lui demande un travail au-dessus de ses forces, c'est qu'il y est forcé par les nécessités de la guerre.

Dans l'opinion des Arabes, le cheval vit de vingt à vingt-cinq ans, la jument de vingt-cinq à trente. Quant à l'usage que l'on peut en faire, un proverbe exprime leur idée à cet égard :

> Sept ans pour mon frère,
> Sept ans pour moi,
> Sept ans pour mon ennemi.

C'est donc de sept à quatorze que le cheval est le plus apte à supporter les fatigues de la guerre, encore faut-il, pour cela, qu'il ait reçu la préparation que donnent les Arabes et non pas l'avoir élevé comme nous l'élevons. C'est à ce faux système que l'on doit de voir nos chevaux n'être réellement bons que de neuf à dix ans, et combien s'en trouve-t-il dont la médiocrité ne tient qu'au mauvais système d'éducation première !

PRINCIPES GÉNÉRAUX DU CAVALIER ARABE.

Ces principes sont excellents ; il serait à désirer que toutes les personnes qui usent du cheval en fussent bien pénétrées. Voici les conseils adressés au cavalier arabe : Achète un bon cheval : si tu poursuis, tu atteins ; si tu es poursuivi, l'œil ne sait plus où tu as passé.

Préfère le cheval de montagne au cheval de plaine, et celui-ci au cheval de marais.

Quand tu viens d'acheter un cheval, étudie-le avec soin; donne-lui l'orge progressivement, jusqu'à ce que tu sois arrivé à la quantité de son appétit. Un bon cavalier doit reconnaître la mesure d'orge qui convient à son cheval, aussi bien que la mesure de poudre qui convient à son fusil.

Ne permets ni aux chiens ni aux ânes de se coucher sur la paille et sur l'orge que tu destines à ton cheval.

Ne fais boire qu'une fois par jour, à une ou deux heures de l'après-midi, et ne donne l'orge que le soir au coucher du soleil. C'est une bonne habitude de guerre et, en outre, c'est le moyen de rendre la chair ferme et dure. L'Arabe dit que l'orge du matin est pour le fumier, celle du soir pour la croupe.

Pour préparer un cheval trop gras aux fatigues de la guerre, fais-le maigrir par l'exercice, jamais par la privation de nourriture ; ne fais jamais boire après avoir donné l'orge, ce serait tuer ton cheval.

Ne fais jamais boire un cheval aussitôt après une course rapide, tu risques de le voir frappé par l'eau (transpiration arrêtée). Après une course rapide, fais-le boire avec la bride, fais-le manger avec la sangle, et tu t'en trouveras bien.

Quand on fait courir son cheval, il faut le ménager pour le trouver au besoin ; on en doit user comme d'une peau de bouc : si vous l'ouvrez progressivement et en resserrant son embouchure, vous conservez facilement l'eau ; mais si vous l'ouvrez tout à coup, l'eau s'échappe il ne vous reste plus rien pour la soif. Un cavalier ne doit jamais faire courir un cheval en montant ou en descendant, à moins qu'il n'y soit forcé.

Quand vous avez une longue route à faire, ménagez votre cheval par des interruptions au pas, pour lui laisser reprendre haleine ; répétez ce manége jusqu'à ce qu'il ait sué et séché trois fois ; laissez-le uriner, ressanglez-le et ensuite faites ce que vous voudrez.

Si vous avez mis votre cheval au galop et que d'autres cavaliers vous suivent, calmez-le, ne l'excitez pas, il s'animera assez lui-même.

Si vous poursuivez un ennemi et qu'il commette la faute de pousser son cheval, contenez le vôtre, vous êtes sûr d'atteindre le fuyard.

Tous ces préceptes sont des vérités ; jamais les livres qui traitent de la question chevaline n'en ont autant dit : ici, un mot est une idée ; c'est admirable de concision. Je continue :

Quand, après avoir marché longtemps dans les montagnes et des sentiers étroits, le cavalier vient à déboucher dans la plaine, il est bon qu'il fasse un peu courir son cheval.

Au départ, le cavalier ne doit pas craindre de jouer avec son cheval pendant quelques minutes : de la sorte il lui déliera les jambes et aura du repos pour toute la journée.

Le cavalier qui ne donne pas un bon pas à son cheval n'est point un cavalier ; il excite la pitié.

Celui qui, le pouvant, ne s'arrête pas pour laisser uriner son cheval, commet un péché.

Quand, à la guerre ou à la chasse, vous avez mis votre cheval en nage et que vous rencontrez un ruisseau, ne craignez pas de lui laisser avaler sept ou huit gorgées d'eau ; cela ne lui fera pas de mal et lui permettra de continuer sa course.

Je le répète, tous ces préceptes sont pleins de raison, de justesse et de vérité ; rien n'est à dédaigner, pas même ceux qui ont une sorte de trivialité, comme le suivant : Voulez-vous savoir, après une journée de course ou de fatigues, quel fond vous pouvez faire de votre cheval ? mettez pied à terre, tirez-le fortement par la queue ; s'il résiste sans être ébranlé, vous pouvez compter sur lui. L'herbager normand, qui, de tous les Français, exige le plus de ses chevaux, puisque, dans une journée, il fait souvent vingt-cinq lieues avec son bidet d'allure, connaît bien ce procédé dont il use pour savoir s'il peut, après une longue course, compter encore sur sa monture.

Tous ces principes du cavalier arabe, nos cavaliers devraient les savoir par cœur, ne jamais les oublier et les mettre constamment en pratique ; ce devrait être le catéchisme de l'homme de cheval.

Des moyens d'appréciation du cheval chez les Arabes.

Les Arabes disent : Pour que le cheval soit bon, il faut qu'il ait quatre choses larges, quatre choses longues, quatre choses courtes.

Une semblable division est bien facile à se mettre dans la mémoire ; la subdivision est tout aussi aisée, et l'on verra que lorsque le cheval possède ces douze exigences, il doit être bon.

Les quatre choses larges sont : le front, la poitrine, la croupe et les membres.

Les quatre choses longues sont : l'encolure, les rayons supérieurs de l'avant-main, le ventre ou les côtés et les hanches.

Les quatre choses courtes sont : les reins, les paturons, la queue et les oreilles.

A l'exception des oreilles, qui peuvent être longues et appartenir à un bon cheval, toutes les autres conditions sont indispensables. La largeur du front assure l'intelligence ; la largeur de la poitrine, le jeu et la force des organes respiratoires et un bon écartement des membres antérieurs ; la largeur de la croupe, la force de l'arrière-main ; la largeur des membres, le solide soutien du corps.

La longueur des bras de levier de l'avant-main assure la profondeur de la poitrine, la liberté des épaules et la sortie d'un garrot qui, maintenant la selle sur le dos du cheval, place le cavalier dans la position la plus sûre et la plus commode ; la longueur de l'encolure assure sa flexibilité, la met dans les conditions les meilleures pour régler les déplacements de la masse ; car une encolure longue et flexible aide aussi bien au ralenti de l'allure qu'au développement le plus grand.

La longueur des côtes, en offrant aux organes de la poitrine et de l'estomac une vaste place, facilite le jeu de ces organes et assure le bon entretien de l'animal.

La longueur des hanches, en augmentant la longueur des bras de levier de l'arrière-main, augmente la puissance pour chasser la masse en avant.

Le rein court est encore un indice de force ; n'est-ce pas lui qui est le trait d'union entre l'avant et l'arrière-main ?

Les paturons courts sont aussi un indice de force, et sont le complément indispensable des membres larges.

La queue courte est un signe de race, et aussi un signe de force, puisqu'elle raccourcit la longueur du prolongement rachidien.

Enfin, les oreilles courtes sont un signe d'intelligence; mais, comme nous l'avons dit, un cheval qui satisfera aux exigences signalées plus haut, aurait-il les oreilles longues, sera néanmoins un bon cheval; l'oreille un peu longue est quelquefois un signe de race.

Rien n'est aussi simple que cette manière d'examiner un cheval, et, sans chercher à se rendre compte du pourquoi, tout individu qui aura bien cette classification dans la tête, s'il sait en faire l'application, saura juger un cheval et se trompera rarement.

L'Arabe a encore une manière de s'assurer, par une mesure de la plus grande simplicité, des qualités d'un cheval. On mesure avec la main ou avec une corde la longueur qui existe depuis l'extrémité du tronçon de la queue jusqu'au milieu du garrot, et puis du milieu du garrot jusqu'à l'extrémité de la lèvre supérieure, en passant sur l'encolure et entre les oreilles.

Si les deux longueurs sont égales, le cheval sera bon, mais d'une vitesse ordinaire.

Si la longueur est plus grande en arrière qu'en avant, le cheval ne vaudra rien, sera sans qualité.

Si, au contraire, la longueur est plus grande en avant qu'en arrière, l'animal sera d'une grande qualité; plus la différence sera grande, plus le cheval aura de moyens. On peut, disent les Arabes, avec un tel cheval frapper loin, exprimant ainsi le fond et la vitesse qu'une telle conformation lui assure.

Ce procédé si simple est d'une vérité incontestable.

En effet, si la mesure est plus courte de la queue au garrot, ce sera une preuve que le rein est court, le dos droit et le garrot renversé. Si la mesure est plus longue en avant, ce sera une preuve que le garrot sera renversé, que l'épaule sera oblique et que l'encolure sera longue. J'ai fait ces essais à l'école de cavalerie sur plus de cent chevaux dont je connaissais les moyens, et jamais la mesure n'est venue donner un démenti à l'opinion que j'avais de chaque cheval.

Des Robes.

Ainsi que nos anciens écuyers, les Arabes consultent les robes pour apprécier les chevaux. Si la manière dont ils en parlent est très-pittoresque, l'expérience prouve qu'ils sont souvent dans le vrai.

Selon les Arabes, les robes les plus estimées sont le *blanc* : prenez le blanc, comme un drapeau de soie sans tache, et le tour des yeux noir.

Le noir. Il le faut noir comme la nuit sans lune et sans étoiles.

Le bai. Il le faut presque noir, ou doré.

Le rouge foncé dit à la dispute : Reste là.

L'alezan. Désirez-le brûlé ; quand il fuit sous le soleil, c'est le vent. Le Prophète affectionne les alezans.

Le gris foncé pommelé. S'il ressemble à la pierre de la rivière,

> Il remplira le douar
> Quand il sera vide,
> Et nous sauvera du combat
> Le jour où les fusils se touchent.

Les gris sont généralement estimés, quand la tête est moins foncée que la robe.

Les robes méprisées sont : Le pie. Fuyez-le comme la peste; c'est le frère de la vache. L'isabelle à crins blancs, le rouan, etc., ne sont pas estimés.

Le blanc, c'est la couleur des princes; mais il ne supporte pas la chaleur.

Le noir porte bonheur, mais il craint le pays rocheux.

L'alezan est le plus léger. Si l'on vous assure avoir vu un cheval voler dans les airs, demandez de quelle couleur il était; si l'on vous répond *alezan*, croyez-le.

Le bai : c'est le plus dur et le plus sobre. Si l'on vous dit qu'un cheval a sauté dans le fond d'un précipice sans se faire de mal, demandez de quelle couleur il était; si l'on vous répond *bai*, croyez-le.

Je citerai cet extrait sur les robes, en citant l'histoire suivante, toujours prise au livre si intéressant du général Daumas.

Ben Dyad, chef renommé du Désert, qui vivait en l'an 902 de l'hégire, se trouvant un jour poursuivi par Saad el Zannaty, se retourna vers son fils et lui demanda : Quels sont les chevaux en tête de l'ennemi? — Les chevaux blancs, répondit son fils. — C'est bien; dirigeons-nous du côté du soleil, ils y fondront comme la neige. Quelque temps après Ben Dyad se retournant encore vers son fils, lui demanda : Quels sont les chevaux en tête de l'ennemi? — Les chevaux noirs, lui cria son fils. — C'est bien; gagnons les pays pierreux, et nous n'aurons rien à craindre; ils ressemblent à la négresse du Soudan qui ne peut marcher pieds nus sur les cailloux. Il changea de route, et bientôt les chevaux noirs furent distancés. Une troisième fois, Ben Dyad demanda : Et maintenant, quels sont les chevaux en tête de l'ennemi? — Les alezans brûlés et les bais bruns. — En ce cas, cria Ben Dyad, à la nage, mes enfants, à la nage, et du talon aux chevaux; car ceux-ci pourraient bien nous atteindre, si pendant tout l'été nous n'avions pas donné l'orge aux nôtres.

Quelle charmante histoire! Tout cela est vrai : la pratique et l'observation ne font que le prouver.

Ainsi, la race de pur sang, en Angleterre, si renommée pour sa vitesse, tire son origine de trois chevaux arabes, dont deux étaient alezans, *Darnley Arabian* et *Godolphin;* le troisième était bai.

Eclypse, le plus vite des chevaux connus, était alezan ; *Rubens, Plenipotentiary, Tigris,* et mille autres coureurs célèbres étaient alezans, les autres étaient bais. Ce n'est que par exception très-rare que l'on voit sur les hippodromes un cheval gris, et je ne sache pas qu'un cheval de cette robe ait gagné une course.

Je m'arrête, car si l'on voulait prendre au livre du général Daumas tout ce qui est bon, tout ce qui est vrai et instructif, il faudrait copier le livre tout entier. Je n'ai dû prendre que ce qui ne doit pas être ignoré de l'officier de cavalerie, que tout ce qui pouvait donner de la force aux préceptes que je cherche à introduire à l'École. Tout ce qui traite de l'élève du cheval, de l'hygiène, de l'accouplement, est aussi très-précieux à consulter. L'ouvrage du général Daumas fera époque, et doit être dans la bibliothèque, non-seulement de l'homme de cheval, mais encore de celle de toute personne qui aime les œuvres poétiques attachantes et instructives.

RÉSUMÉ

DES PRINCIPALES DOCTRINES D'ÉQUITATION

DES ANCIENS ÉCUYERS.

Sous ce titre, j'ai réuni des extraits des principaux ouvrages d'équitation qui résument les principes qui ont été professés par les grands maîtres de l'art, depuis le XVe siècle jusqu'à nos jours.

En suivant la marche de l'équitation, depuis l'époque où elle s'est rationalisée, on observe qu'elle a eu deux tendances bien distinctes, et qu'elle a revêtu deux caractères diamétralement opposés, qui ont dépendu des espèces de chevaux qu'on a employés, du genre de service qu'on leur a demandé, des progrès de la civilisation, et enfin des institutions particulières de l'arme de la cavalerie.

Cette exposition rapide des doctrines de l'ancienne équitation suffira pour mettre cette proposition en évidence; elle montrera que lorsque les tournois, les carrousels et généralement tous les exercices équestres étaient le plus en honneur en France, lorsque la cavalerie combattait dans l'ordre *profond* au lieu de l'ordre *mince*, on a fait de l'équitation raccourcie, cadencée, de l'équitation de parade, qu'on me passe l'expression ; et comme les chevaux que l'on montait alors manquaient généralement de finesse et d'élégance dans les mouvements, en raison de leur conformation massive, il fallut leur en donner par des moyens forcés, c'est-à-dire substituer l'art à la nature ; de là, les mors puissants et les moyens de sujétion les plus violents mis en usage.

Mais du jour où les tournois furent fermés, les carrousels supprimés, et à cette même époque à peu près où l'arme de cavalerie est devenue l'arme de l'à-propos par la rapidité de ses attaques et de ses déploiements, dès lors les chevaux assis, aux allures cadencées, ne purent plus convenir ; l'équitation raccourcie fut remplacée par l'équitation plus franche, plus hardie. Or, les doctrines qui se rapportent à cette nouvelle tendance se résument en ceci : que l'équitation, tout en devenant propre alors à seconder la vitesse des allures, continua de renfermer le cheval suffisamment pour assurer les moyens de conduite.

Des modifications apportées aussi alors dans les croisements de nos races, en amenèrent dans les moyens de conduite des chevaux. Devenus plus fins, plus susceptibles, il fallut nécessairement apporter plus de discrétion et de mesure dans l'emploi des aides pour obtenir leur sujétion.

Que faut-il conclure de là ? Que ce sont moins les principes équestres qui ont changé, que les circonstances, les temps et les institutions de la cavalerie ; que si les uns ont été rejetés, les autres conservés, c'est qu'on a dû en faire une application relative aux besoins de l'époque qu'il fallait avant tout satisfaire.

Et, qu'on le sache bien, il est, en équitation comme en toute chose, des vérités qui sont de tous les temps. On ne saurait aujourd'hui renverser les principes fondamentaux de l'art que les Pluvinel, les la Guérinière et les de Bohan ont consacrés ; mais on peut leur emprunter ceux qui se rapportent à notre équitation, abandonner ceux qui sont trop exclusifs ; on peut les rationaliser, les perfectionner, en former un corps de doctrine meilleur et plus complet.

Enfin, finissons par dire que ces principes ne sont pas aussi difficiles, ni aussi compliqués qu'on veut bien le faire croire. Qu'on se pénètre bien qu'il n'y a de difficile et de très-difficile en équitation qu'une chose, c'est l'application des principes et non les principes mêmes ; c'est la mesure, l'à-propos avec lequel il faut savoir en faire usage. C'est le tact, l'intelligence équestre qui fait discerner qu'avec la plus légère indication, la plus petite somme de force employée à propos, on maîtrise et on gouverne le cheval.

Rien n'était plus conséquent que nos anciens écuyers : pourquoi Grison avait-il de la brutalité ? c'est parce que les chevaux de son temps étaient lourds et apathiques, et que, manquant de sensibilité, ils avaient besoin d'être plus fortement excités.

Tout en cherchant à réveiller leur action, tout

en cherchant à les rendre liants, il recommandait surtout de ne pas trop leur assouplir l'encolure ; il comprenait qu'un cheval *lasche de col*, comme il le disait, perdrait de son perçant ; c'est au moyen des attaques violentes de l'éperon qu'il réveillait l'action, qu'il assouplissait l'arrière-main pour obtenir les voltes, les passades, les courbettes, les demi-tours ; tandis que, pour donner aux épaules une légèreté qui leur manquait, il conseillait de promener les chevaux dans les guérets frais labourés, dans des chemins pierrés, dans les rivières, dans la mer, pour les engager à lever les jambes et donner par là du développement aux épaules. Il cherchait aussi à entretenir l'action en faisant parcourir avec furie des distances plus ou moins longues ; mais, comme je viens de le dire, il recommandait particulièrement de ne pas trop briser l'encolure, sachant fort bien que chez des chevaux qui n'ont ni trop d'énergie ni trop de vitesse, il faut éviter de laisser prendre un pli qui peut amoindrir cette vitesse et cette énergie. Il avait reconnu que le cheval de son époque, qui *n'était pas ferme de col*, n'était pas un bon cheval de guerre, et que souvent trop de flexibilité dans cette partie lui donnait de l'incertitude et des moyens de défense.

Lorsqu'il s'agissait d'obtenir des mouvements précipités, son travail le plus habituel, une fois que le cheval était familiarisé à l'homme et que ce dernier l'avait promené par la campagne, était de

lui faire exécuter des passades et des voltes, c’est-
à-dire d’aller et de revenir toujours sur une même
piste, appelant la ligne droite que l’on parcourait,
la passade, et la volte, le tournant exécuté pour
revenir sur la ligne que l’on venait de parcourir.

La volte se faisait par un tournant simple, et
quelquefois sur les hanches ou par un demi-tour.

Lorsqu’au bout de la passade on revenait par un
demi-tour, la perfection était, avant de tourner,
de faire faire une passade au cheval, c’est-à-dire
de l’arrêter vigoureusement et de le renfermer alors
dans la main et dans les jambes, de façon à lui
faire faire la jambette, c’est-à-dire lui faire plier
la jambe du devant, de la main à laquelle il se trouvait, et la maintenir ainsi pliée jusqu’à ce que le
demi-tour fût exécuté. Je citerai tout à l’heure le
texte de Grison, pour expliquer l’action des
jambes du cavalier lorsqu’il faisait exécuter les
tournants et les voltes; on verra que le principe de
se servir de la jambe gauche pour faciliter le tournant à droite, *et vice versâ*, avait été fort bien
compris par lui.

« Pour vous faire plus clairement entendre, et
» avec la vraie raison et sans fausseté, comment il
» faut aider un cheval avec les éperons quand on
» le manie, je vous dis que quand, au bout de la
» passade, vous le voulez volter à main droite, il
» vous le faut aider du côté opposite avec l’éperon
» gauche, et l’arrondir ensemblement avec l’autre
» éperon, afin qu’il aille juste et qu’il retourne à

» sa route. Et le voulant volter à main gauche avec
» semblable ordonnance, le vous faudra pareille-
ment aider avec l'éperon droit, et en même
» temps l'arrondir avec le gauche ; et par ce moyen
» il ira juste et correct, toujours en un même rond,
» sans s'avancer plus d'un côté que de l'autre. Et
» vous faut bien noter qu'aucune fois il le faut ai-
» der au commencement de la volte, autre fois au
» milieu, et autre fois à l'instant qui la clot ; et
» lorsqu'il la clot, ne faut pas que l'éperon, qui
» arrondit la volte, batte à per ains, ira en même
» temps battre un peu plus en arrière que l'autre,
» qui bat au long des sangles, au côté opposite,
» comme il est besoin. Et en cela sourd une grande
» difficulté pour savoir bien connaître le sentiment
» du cheval, et le piquer à temps, et le poindre
» plus ou moins, selon qu'il en est besoin ; ce que
» je ne vous puis bonnement exprimer de paroles ;
» mais la pratique et l'expérience vous en feront
» sages. »

Grison comprenait parfaitement, comme nous,
les oppositions et les résistances, les actions et les
soutiens qui servent à mettre le cheval en mouvement et à le maintenir. S'il usait quelquefois de
moyens plus violents, c'est qu'il avait affaire à une
espèce plus commune, moins sensible. Si nous
avons des chevaux assez fins pour comprendre les
moindres indications, n'en avons nous pas quelquefois d'autres sur lesquels la correction qu'il indique
peut être appliquée avec succès ?

« Je vous advise que quand le cheval use de
» quelque malice, comme de branler la tête, se le-
» ver debout ou s'appuyer sur la bride, ou bien
» quand il fera d'autres notables fautes, lors vous
» lui donnerez le châtiment avec une voix terrible
» et effrayante, et ireusement direz, avec un cri
» âpre et menaçant, celle de ses paroles qui vous
» viendra plus à gré : Or sus, or sus ; or là ; ah !
» traître, ah ! ribaud, tourne, tourne, tourne ; ar-
» rête ; tourne ci, tourne là, et autres semblables,
» pourvu que le cri soit terrible, et que vous disiez
» paroles qui vous sembleront plus conformes et
» plus propres à intimider le cheval pour sa correc-
» tion ; et continuerez d'ainsi faire jusqu'à ce qu'il
» se revienne et se corrige de sa faute ; et le ferez
» la voix la plus haute, selon que sa faute sera plus
» ou moins grande. »

Malgré tout ce qu'il peut y avoir de bizarre dans
cette leçon, bien qu'il recommande le châtiment
fort et ferme quand il le croit utile, il comprenait
parfaitement le cheval, savait le point où il devait
être amené, et connaissait les moyens d'y arriver.
La dernière citation que je vais faire de lui est en
quelque sorte le résumé de sa manière de voir et de
ses principes.

« Mais ne pensez pas que pourtant le cheval, bien
» qu'il soit proportionné et organisé de nature, puisse
» de soi-même bien faire, et se manier, sans le se-
» cours humain et la vraie doctrine. Partant, lui
» faut-il avec l'art recueillir les membres et les ver-

» tus occultes qui sont en lui ; et, selon le vrai ordre
» et la bonne discipline, la vertu sera plus ou moins
» éclaircie. Ainsi, au contraire, l'art, quand il est
» mauvais et faux, ruine et anéantit le cheval et
» lui couvre et assoupit toute la vertu ; comme
» aussi étant bon et vrai, il supplée à beaucoup
» de parties où la nature lui a défailli, et vraiment
» à juste cause les Latins ont appelé le cheval
» *equus*, qui ne signifie autre chose que juste, pour
» ce qu'outre les autres raisons que les anciens en
» ont données, il faut que le cheval soit en tout et
» partout juste par mesure, juste au pas, juste au
» trot, juste au galop, juste à la carrière, juste au
» parer, juste au manier, juste au saut, et finale-
» ment, juste de tête, et juste quand il est sur les
» pieds arrêté, et encore juste et uniment mesuré
» selon la volonté de celui qui le chevauche. En
» outre cela, il lui faut le pas élevé, le trot libre et
» délié, le galop vigoureux et gaillard, la carrière
» viste, les sauts justes, amassés et amoncelés, le
» parer léger, le maniement sûr et prompt. Et
» pour ce que le cheval, naturellement du jour
» qu'il sort du ventre de la mère, va le pas, le
» galop et court, et ne fait rien moins, et avec
» plus grande difficulté que le trot ; à cette cause,
» quand vous serez dessus, prenez toujours garde
» à l'y aduire et rendre léger : car, par ce moyen,
» il deviendra plus juste et plus aisé à conduire à
» la perfection de toutes les autres vertus, les-
» quelles particulièrement, puis après vous con-

» naîtrez évidemment, car de ce trot le cheval
» vient à prendre au pas, agilité; au galop, gail-
» lardise; à la carrière, vitesse; au saut, reins et
» force; au parer, légèreté; au maniement, sûreté
» et grande dextérité; à la tête et au col et à la
» voûte du col, fermeté incroyable; et à la bouche,
» doux et bon appui qui est le fondement de toute
» la doctrine. »

Le dressage du cheval comme l'entendaient
Grison et ses prédécesseurs s'adressait à une espèce généralement commune, pesamment chargée
et destinée au combat. Quand Pluvinel et Newcastle arrivèrent, l'équipement de guerre et les
costumes devinrent plus légers, et l'on employa
des races moins pesantes; car, au nombre des chevaux en usage, il s'en trouvait d'espagnols et de
barbes. Non-seulement alors le travail devint plus
fin, en raison de l'espèce de chevaux, mais encore
en raison des nouveaux usages. Les tournois, où
les chevaliers bardés de fer venaient se heurter les
uns contre les autres, rompant leurs lances, et se
livrant combat à outrance avec la hache d'armes,
avaient fait place aux carrousels, dans lesquels le
chevalier d'alors, vêtu beaucoup plus légèrement
venait plutôt faire briller son adresse que son cou
rage. Il existait donc une double raison pour demander aux chevaux un travail plus fini, puisque
les futilités du spectacle devaient remplacer les
simples besoins de la guerre.

L'équitation, renfermée par Pluvinel dans les

murs du manége, allait nécessairement devenir
plus régulière et plus raccourcie ; le travail plus
compliqué des reprises, la variété des airs, tout ce
qu'on voulait enfin exiger du cheval à cette époque, amena l'obligation de le posséder davantage,
de le tenir à des allures plus raccourcies, et par
conséquent, de l'assouplir bien plus que précédemment. C'est pourquoi Pluvinel, tout en gagnant et
assouplissant l'arrière-main, comme Grison, dut,
à l'égard de l'avant-main, agir autrement que lui.
Si Grison, pour conserver du perçant au cheval,
recommandait de ne pas le rendre *lasche de col*, il
était tout naturel que, du jour où l'on voulait détruire ce perçant pour raccourcir les allures, il
fallait faire le contraire de ce que recommandait
Grison. Pluvinel chercha donc à combattre les *forces
de l'encolure*, et les détruisit en les assouplissant,
afin d'arriver à son but.

Dans la leçon que Pluvinel donne à Louis XIII,
le roi lui demande :

« La voye et l'ordre qu'il emploie pour dresser les
» chevaux, et les rendre adroits à manier, avec
» cette grande facilité qu'il reconnaît en tous ceux
» de son école. »

« Sachant, par la pratique et par le long usage,
» que le cheval ne se peut dire dressé qu'il ne soit
» parfaitement obéissant à la main et aux deux ta-
» lons, je n'ai pour réduire mes chevaux à la raison
» que ces deux choses, d'autant qu'il est très-cer-
» tain que tout cheval qui se laisse conduire par la

» bride, qui se range de çà et de là, s’il se relève
» devant et derrière, à la volonté du cavalier, je
» l’estime bien dressé, et doit manier juste selon sa
» force et sa vigueur. Or, pour arriver à gaigner
» ces deux points, *j’ai cru par ma méthode* en avoir
» abrégé les moyens de plus de moitié du temps ;
» mais pour autant que la perfection d’un art con-
» siste à sçavoir par où il faut commencer, je me
» suis très-bien trouvé en celui-cy, de donner les
» premières leçons au cheval (sans être monté),
» parce qu’il treuve le plus difficile, en recherchant
» la manière de lui travailler la cervelle plus que
» les reins et les jambes, en prenant garde de l’en-
» nuyer, si faire se peut, et d’étouffer sa gentil-
» lesse, car elle est aux chevaux comme la fleur
» sur le fruit, etc..... Sachant donc que le plus dif-
» ficile est de tourner, je le mets autour d’un
» pilier, comme je vais dire à Votre Majesté, afin
» que, le faisant cheminer quelques jours, il nous
» montre sa gentillesse, et tout ce qui peut être en
» lui, afin de juger à quoi il sera propre, en laquelle
» sorte il faut le conduire. Ce que je fais bien plus
» facilement à un lieu où il est retenu, parce qu’on
» a le loisir de voir mieux tous ses mouvements
» que s’il était sur sa foi avec un homme sur lui,
» d’autant qu’à ces premiers commencements, le
» naturel du cheval est d’employer toute sa force
» et son industrie pour se défendre de l’homme, ce
» qui lui est très-aisé en travaillant à une autre
» méthode qu la mienne..... C’est l’occasion, Sire,

» qui m'a fait rechercher plus soigneusement la
» méthode de laquelle j'use pour ce que, par autre
» voye, il me serait impossible de réduire quantité
» de chevaux que l'on m'amène, dont la plupart
» ont de mauvaises qualités. »

Le résumé de l'emploi du pilier, d'après Pluvinel, est de plier, d'assouplir l'encolure du cheval, et d'assouplir les hanches. Après avoir travaillé ainsi le cheval quelque temps, il passe au travail des deux piliers, pour arriver à un travail plus contraint que sur un seul pilier.

« Après avoir commencé la leçon autour du pi-
» lier, je l'attache entre deux piliers de la forme
» suivante, et avec le manche de la houssine, le
» fais marcher de çà et de là d'autant que le che-
» val se trouve grandement contraint du caveçon
» en ce lieu-là plus qu'à un autre. Une fois soumis
» à ce travail, on pourra le ramener autour du pi-
» lier ; raccourcir la corde du caveçon, et lui tenant
» la tête proche du pilier, le faire cheminer des
» hanches avec le manche de la gaule, etc. »

Puis il revient aux deux piliers quand le besoin échoit.

« Ces moyens sont très-excellents, dit Pluvinel,
» en ce que le prudent et judicieux chevalier peut
» remarquer en quoi son cheval est capable, de
» quelle humeur il est ; sans faire courre fortune à
» aucun homme, il lui apprend par la combinaison
» de ces moyens à aller au pas, au trot, au galop,
» et quelque temps à terre, à cheminer de côté, de

» çà et de là, et à se donner châtiment plus à pro-
» pos du caveçon qu'aucun homme ne saurait faire
» en cas qu'il se voulût transporter hors de la piste ;
» de plus, en continuant cette leçon, il en réussit
» encore trois grands biens : le premier, que ja-
» mais les chevaux ne sont forts en bouche ; le se-
» cond, qu'on n'en voit pas de rétifs ; le troisième,
» qu'ils ne peuvent devenir entiers ou opiniâtres,
» ou revêches à tourner à main droite ou à main
» gauche, qui sont les plus grands défauts qui se
» rencontrent souvent aux chevaux ignorants. »

Nous verrons plus tard que Newcastle va beaucoup plus loin que Pluvinel pour tous ces assouplissements.

Pluvinel ne met l'homme à cheval que lorsque ce
dernier *exécute volontairement et avec gaillardise* les
leçons ci-dessus avec la selle, la bride et les étriers
tombants.

« Comme la plus grande difficulté du cheval est
» de tourner, et la plus grande incommodité de
» souffrir la bride, j'ai toujours maxime de com-
» mencer par le plus difficile, etc. Une fois l'homme
» à cheval, il faut tenir la bride, et assurer la main
» pour donner au mors le point d'appui. Si le che-
» val maintenu entre les deux piliers se refuse à
» le prendre, il faut le pousser sur la main avec
» l'aide de la chambrière et de la houssine ; lorsque
» le cheval est bien appuyé sur la main, il faut
» arriver à la connaissance de l'action des talons. »
Tout le monde doit savoir que l'équitation du dix-

septième siècle, s'attachant à provoquer des mouvements élevés et brillants, était très-ralentie, et nécessairement devait être pour cela fort assise. Elle ne pouvait amener ce résultat que par l'emploi presque continuel de l'éperon : aussi travaillait-on les chevaux pour les amener à cette connaissance parfaite.

A la question que fait le roi pour savoir comment on fait comprendre l'aide des talons, Pluvinel répond :

« Je déclarerai à Votre Majesté ce qu'elle désire,
» qui est que rencontrant un cheval sensible aux
» talons, pour commencer à les lui faire souffrir,
» estant bien assuré dans sa cadence, je fais tou-
» jours, ou le plus souvent selon le besoin, com-
» mencer la leçon au pilier seul, ou le faisant aller
» sur les voltes ; lorsqu'il est en train, je tâche tout
» doucement à le piquer le plus délicatement que
» je puis, d'un talon ou de l'autre selon le besoin,
» ou de tous les deux ensemble un temps ou deux
» s'il le souffre, lui faire connaître avec caresse ce
» qu'on désire ; s'il ne l'endure pas, je le fais placer
» entre les deux piliers, les cordes courtes, et l'éle-
» vant le fais pincer doucement ; s'il se détraque de
» sa mesure, je le redresse derrière sur la croupe
» avec la houssine, et en lui aydant, je fais en
» sorte que celui qui est dessus continue à pincer,
» afin qu'il remarque qu'il faut répondre à l'aide
» des talons, comme à celle de la houssine, chose
» qui sera bientôt apprise, etc. »

Pluvinel entre dans de longs détails pour amener

le cheval trop sensible, comme le cheval trop froid,
à supporter et à comprendre le *pincer de l'éperon*.

« Qu'entendez-vous, dit le roi, par *pincer?* »

« Sire, pincer son cheval, lorsqu'il manie, est
» presser tout doucement les deux éperons, ou l'un
» d'iceux, contre son ventre, non de coup, mais
» serrant délicatement, ou fort selon le besoin à
» tous les temps, ou lorsque la nécessité le requiert,
» afin que par l'accoutumance de cette aide, il se re-
» lève un peu ou beaucoup, selon l'affermance de la-
» quelle le chevalier advisera. Cette aide, qui est
» véritablement tout le subtil de la vraie science,
» et pour le chevalier et pour le cheval, que j'ai
' nommée la délicatesse principale de toutes les
» aides dont *l'intelligence est la plus nécessaire à*
» *l'homme et au cheval*, et sans laquelle il est impos-
» sible au chevalier de faire manier son cheval de
» bonne grâce ; d'autant que le cheval n'entendant,
» ne cognoissant et ne souffrant les aides des talons,
» s'il a besoin d'être *relevé, ranimé* ou *châtié*, il n'y aura
» nul moyen de le faire, car le coup d'éperon est pour
» le châtiment, et les jambes et la fermeté des nerfs
» pour les aides ; mais où il ne répondrait pas assez
» rigoureusement aux aides de la jambe, il faudrait
» en demeurer là, si le cheval ne souffrait le milieu
» d'entre le coup d'éperon et l'aide de la jambe, qui
» est le pincer que je viens de dire, et que fort peu
» de gens pratiquent volontiers par faute de savoir. »

Les gens qui ne pratiquaient pas le pincer de l'éperon, et qui pouvaient l'ignorer du temps de Pluvinel

éta ient sans doute semblables à ceux de nos jours
qui se servent tout simplement du cheval comme
mo yen de transport, et qui ne recherchent pas le
su btil de l'art.

Il est impossible de mieux définir l'emploi de l'é-
peron, lorsqu'il est employé comme aide. Si M. de
la Guérinière n'en a pas donné une définition très-
claire pour notre époque, elle l'était pour la sienne,
où les principes de Pluvinel et de Newcastle étaient
connus et encore en vigueur. Il en est de même de
ce qu'on appelle aujourd'hui le *rassemblé*. *Qu'est-ce
que rassembler un cheval*, si ce n'est le posséder dans
la main et dans les jambes. Peut-on trouver une
définition meilleure que dans Pluvinel :

« En usant bien à propos de cette leçon, elle re-
» lève, allégit le cheval; elle le résoud, l'affermit
» sur les hanches, l'assure dans sa cadence, lui fait
» recevoir franchement les aides de la main et des
» talons, lesquelles choses le rendent plus agile à
» tout ce qu'on désire de lui, et par conséquent lui
» en facilitent les moyens. »

Qu'on lise l'ouvrage de Pluvinel, il est impossible d'y trouver des idées plus saines et plus justes ;
elles pourraient servir de base à toutes les équita-
tions présentes et futures.

A peu près dans le même temps que Pluvinel arriva
le marquis de Newcastle; mais celui-ci se pose en no-
vateur. Il dit que sa méthode seule est bonne; il blâme
les écuyers qui n'agissent pas tout à fait comme lui.
Enfin, tout ce qui a existé avant lui n'a rien su.

« J'écris de la façon la plus courte qu'il m'est
» possible, non pas aux élèves, mais aux maîtres,
» l'art de bien dresser les chevaux, lequel n'a ja-
» mais été connu. »

Quant à l'intitulé de son livre, vous voyez :

« Méthode nouvelle, invention extraordinaire de
» dresser les chevaux, les travailler selon la na-
» ture, et parfaire la nature par la subtilité de l'art,
» laquelle n'a jamais été trouvée que par le très-
» noble et haut puissant marquis de Newcastle. »

Pour arriver à des résultats paraissant aussi pro-
digieux, analysons les principes de Newcastle.

A la demande qu'on pourrait lui faire de savoir
combien de temps il faudrait pour dresser un cheval, il répond :

« Cela dépend de sa force, de son âge, de son
» esprit et de ses dispositions. Ils ne peuvent pas
» tous avoir les mêmes qualités, pas plus que tous
» les peintres ne peignent de la même manière,
» que les danseurs ne dansent de la même façon.
» Mais, enfin, si un cheval est docile, propre, a des
» esprits et de la force, on pourra le dresser en trois
» mois, c'est-à-dire en quarante-cinq leçons. D'une
» chose vous puis-je répondre, que quelque autre
» dresse un cheval et le parfasse par son industrie,
» cette mienne méthode nouvelle le parfera en moins
» de la moitié de temps que lui, et il ira encore
» et plus juste ou parfaitement, ce que j'ai vu
» faire à peu de chevaux que les autres mieux
» dressent. »

Quels sont donc les moyens employés par Newcastle ? c'est encore, dans le début, de placer la tête au cheval et de lui assouplir l'encolure, après les explications préliminaires pour familiariser le poulain.

« Il faut, dit-il, que le cavalcador lui place le
» plus qu'il pourra la tête, et peu à peu, et quoiqu'il
» gagne sur lui, soit sur sa tête, soit sur la bouche,
» il ne doit pas lui donner de liberté, mais l'y garder
» en gagnant tous les jours de plus en plus sur lui,
» jusqu'à ce qu'il ait placé sa tête au lieu qu'il
» veut qu'elle soit ; alors il doit la garder là, le
» travaillant en bas, avec le bas de la main.

» Trottez-le alors sur des cercles larges au com-
» mencement, et tirez toujours la rêne de dedans
» du caveçon, afin que non-seulement il regarde
» la volte, mais aussi qu'il ait la croupe plutôt
» dehors que dedans, etc. La principale chose est
» de gagner la tête du cheval et de lui donner bon
» appui ; car, pour sa croupe, elle est aisée, ce qui
» m'a fait étonner de voir des cavaliers commencer
» par la queue ou croupe du cheval. Si vous placez la
» tête du cheval, vous pourrez en faire ce que vous
» voudrez ; si vous ne lui assurez la tête, vous n'en
» ferez jamais un cheval parfait ; car vous n'avez
» en tout que la main et les talons pour le dresser,
» et la meilleure partie vous manquera. »

Passons à la posture de l'homme à cheval. Il voudrait « qu'un homme fût placé sans formalité ;
» je n'ai jamais vu aucune formalité qui m'ait

» semblé rapprocher du simple et du niais. Celui
« qui n'est pas bel homme à cheval ne peut être
» bon homme de cheval. »

Il poursuit :

« Quant aux rênes de la bride du caveçon, je
» vous enseignerai aux discours suivants ce qui n'a
» jamais été connu jusqu'ici. »

Newcastle indique alors la manière de se servir
de son caveçon.

« Je prends une longue rêne qui a un petit an-
» neau attaché à un bout ; je mets l'autre bout de
» la rêne dans cet anneau ; je la mets autour du
» pommeau de la selle, et l'y attache ferme pour
» y demeurer sans remuer ; et après je mets la rêne
» en bas, et la fais passer dans le liége de la selle ;
» alors je remets la rêne à l'anneau du caveçon,
» droit en avant, et fais revenir le bout de la rêne
» dans la main. J'en fais autant de l'autre côté, etc.
» Cette sorte de caveçon est très-excellente pour
» assurer la tête d'un cheval, lui donner le vrai pli
» de son corps, lui préserver la bouche, etc. »

Newcastle insiste pour l'assouplissement.

« Il ne suffit pas de tourner un peu la tête ou
» le col en dedans de la volte ; mais on doit lui
» donner un pli total depuis le nez jusqu'à la
» croupe. Je vous ai montré comment il le faut
» faire ; car, quant à ce que aucuns disent que
» ce lui rendra le col débile, je n'y saurais dire
» autre chose, sinon que ces cavaliers ont l'enten-
» dement débile, qui voudraient que par leur travail

» leur cheval ait le col raide, sans être capable de
» tourner. »

Si l'on continue à consulter Newcastle, que l'on
peut considérer comme un partisan outré des assouplissements et des moyens de sujétion, on verra
néanmoins que, tout en conseillant d'asseoir les
chevaux, il veut avant toute chose qu'ils soient
d'abord exercés de façon à être rendus francs devant
eux. En effet, c'est la condition première et indi-
pensable, quel que soit ensuite le travail auquel on
veuille soumettre un cheval.

La leçon suivante de Newcastle, qui a lieu sur
un jeune cheval, servira à prouver ce que j'avance.

« Quand le cheval trotte, disait-il, le cavalier le
» doit pousser un peu plus vite avant que de l'ar-
» rêter, et l'arrêter incontinent : après, tirant la rêne
» de dedans du caveçon un peu plus fort que l'autre,
» et un peu plus vers son col, mettant le corps un peu
» en arrière, afin que le poids oblige le cheval à se
» mettre sur les hanches. Il faut, sur toute chose,
» que le cheval ne se relève point, mais seulement
» qu'il s'arrête sans se relever, car c'est le moyen
» de gâter un cheval que de l'apprendre à se lever
» avant qu'il trotte et galope franchement. »
Et il ajoute :

« Il faut prendre garde de ne le lever, c'est-à-dire
» l'asseoir, le mettre sur les hanches, qu'il n'obéisse
» franchement aux éperons tant au trot qu'au
» galop. »
Ce qui prouve que, tout en considérant l'aide de

l'éperon comme indispensable pour soutenir l'arrière-main, et la mettre dans le cas de supporter des arrêts tendant à relever le cheval, à l'asseoir et à le rassembler, il pense avec raison que la première connaissance de l'éperon doit s'acquérir en poussant d'abord le cheval en avant.

Newcastle poursuit :

« Trotter et arrêter un cheval sont le fondement
» de tous airs ; placer sa tête et sa croupe, le met
» sur les hanches et le fait léger du devant ; aller
» en arrière assurer la tête, le mettent sur les
» hanches, et le rendent léger du devant. En mettant
» la tête au mur, on lui apprend à connaître l'aide
» de l'éperon ; on lui gagne ainsi les hanches et
» l'asseoit. »

Ici la muraille remplace les deux piliers de Pluvinel ; Newcastle n'est pas partisan des piliers ; mais les résultats sont toujours les mêmes. Il s'agit, pour habituer le cheval à connaître l'action de l'éperon comme aide, de l'empêcher de se porter en avant. Ainsi, qu'il soit maintenu vis-à-vis d'un mur, dans les piliers, ou tenu par un homme au milieu d'un manége ou d'une carrière, tout ceci est pour arriver au même but.

Newcastle s'occupe très-spécialement de l'assouplissement de l'encolure, et en fait une méthode à lui ; au lieu de se servir des piliers, il commence, comme je l'ai indiqué, à l'assouplir en place sur le caveçon et la bride ; il le travaille ensuite en mouvement, en agisant d'abord sur le caveçon.

« Après cet assouplissement sur le caveçon, je
» voudrais que vous prissiez de fausses rênes et que
» vous les attachiez à ma mode au banquet de la
» bride ; mais donnez la liberté à la gourmette, en
» sorte qu'il a moins d'appréhension de la bride, et
» son appui se fortifie tellement que quand on tra-
» vaille de la bride et par conséquent de la gour-
» mette, la bride le rend léger. Ceci est bon autant
» pour tous ceux qui ont trop d'appui, que pour tous
» ceux qui en ont trop peu, et il lui donne le pli de
» la même sorte que le caveçon, sinon que le caveçon
» le travaille sur le nez, et les fausses rênes sur les
» barres ; ce qui le rend très-sensible, comme il doit
» être, et du même côté des barres, comme la bride
» doit faire ; et qui l'accoutume tellement, que quand
» on le met avec la bride seulement et qu'il a l'aide
» de la gourmette, il va à merveille.

» Posez que vous ayez rendu votre cheval souple,
» et que vous lui ayez donné suffisamment le pli
» avec le caveçon, et après avec les fausses rênes,
» les rênes de la bride continueront la souplesse de
» son corps, et travailleront à merveille sur les bar-
» res pour lui faire entendre la bride seule : en te-
» nant les rênes séparées en vos deux mains, vous
» travaillerez toujours la rêne du dedans de la volte,
» et vous rendrez le cheval souple : cette façon de
» le travailler est pour le rendre sensible à la gour-
» mette, qui est finir votre travail pour la main.

» Cette façon de travailler est la quintescence de
» la cavalerie, car, au moyen de ces trois degrés,

» du caveçon, des fausses rênes et de la bride, on
» rend un cheval aussi parfait, que c'est merveille. »

Newcastle entre aussi dans une longue disserta-
tion sur la distinction qui doit exister entre mettre
un cheval sur les hanches et l'acculer ; il serait trop
long de le suivre dans ses préceptes ; il finit enfin
en disant que les aides de la main, des cuisses, du
gras de jambe et du pincement des éperons, en un
mot toutes sortes d'aides, doivent être plus douces
au pas qu'aux airs relevés.

« Le doux passage demande des aides douces, et
» les airs plus forts demandent des aides plus fortes;
» ce qui est conforme à la raison. »

Si l'école de Grison, de Pluvinel, de Newcastle
usait de l'emploi de l'éperon comme aide, si elle en
recommandait l'application, néanmoins dans bien
des circonstances, avec de certaines natures de chevaux, elle échouait complétement.

Voici ce que disait de la Broue à cet égard :

« S'il est rétif (le cheval) pour avoir été trop
» gourmandé ou contraint, il faudra observer au-
» tant de douceur et de cérémonies, comme s'il es-
» toit poulain. Je veux aussi que le cavallerice se
» souvienne que les esperons grands et fort piquants
» sont extrêmement contraires à l'école des jeunes
» chevaux. Les châtiments de ces esperons les pour-
» ront effrayer et rendre plus timides, et par consé-
» quent les faire plus tost devenir rétifs, s'ils ne le
» sont, que déterminez s'ils sont ramingues. Et
» ceux qui seront sanguins ou colères s'en pourront

» aussi facilement desdeigner ou désespérer, au lieu
» de se rendre obéissants.

» Voilà d'où vient le plus souvent que les chevaux
» pissent de rage et d'effroy, ou qu'ils sont cher-
» chant les murailles, ou s'arrêtent tout à fait, ou
» quelquefois, à faute d'autres remèdes, se couchent
» par terre, ou se mettent au hasard de se précipiter
» avec celui qui est dessus. »

Notez qu'à cette époque on ne livrait au travail
que des chevaux entiers; mais si l'application de
semblables moyens s'était adressée aux juments, les
trois quarts de celles soumises à de semblables
étreintes fussent devenues rétives.

Après avoir signalé le mal, il indique le palliatif
dans le chapitre suivant.

« Si le cheval est rebuté ou rétif pour avoir esté
» trop rudement et longuement exercé et trop as-
» prement battu avec les esperons, il le faudra pre-
» mièrement laisser séjourner jusques à ce qu'il ait
» reprins ses forces et premiers esprits; et s'il n'est
» bien sain dedans le corps, il le faudra purger; car
» estant malade ou plein de mauvaises humeurs,
» le cavallerice perdra le temps et la peine qu'il
» mettra, pensant le remettre en son premier et cou-
» rageux estat, d'autant que cette indisposition le
» rendant par accident colère, mélancolique, quoi-
» qu'il soit naturellement mieux composé et de
» bonne inclination, le pourra disposer à quelque
» mauvais vice. Mais estant sain, séjourné et bien
» nourry, on pourra après commencer de l'exercer

» à la campagne, au large et en divers lieux, peu
» et souvent et sans esperons, évitant tant qu'il sera
» possible, toutes les occasions qui pourront le faire
» battre. Néanmoins, toutes les fois que le cavalle-
» rice cognoîtera qu'il se voudra arrêter et qu'il
» aura quelque dessein malicieux, il ne manquera
» pas de le braver et menacer à haute voix ; et s'ils
» est besoin, le fouettera à travers les fesses et le
» ventre avec un fouet ; et pour une plus grande fa-
» cilité, il faudra estre secouru d'un homme qui sui-
» vra ce cheval sur un bidet, ordinairement à vingt-
» cinq ou trente pas de distance, lequel se tienne
» toujours prest pour mettre diligemment pied à terre
» quand ce cheval restif refusera d'aller en avant,
» et pour le chasser à grands coups de fouet sur les
» fesses et à travers les jambes, principalement s'il
» se défend en ruant. Il faudra aussi que le cavalle-
» rice soit curieux de le caresser quand il lui obeyra
» librement ; car la douceur est autant et plus né-
» cessaire aux chevaux estonnez et rebutez qu'à ceux
» que l'on exerce pour leur apprendre ce qu'ils n'ont
» jamais sceu. »

L'école de la Broue, de Pluvinel, de Newcastle,
se continua, tout en cherchant à se modifier pendant
la durée d'un siècle. L'équitation du tournoi et du
carrousel faisant insensiblement place à l'équitation militaire et à l'équitation de chasse, il devait
naître une transition qui apportât nécessairement
dans les principes un désorde, un conflit que la Guérinière essaya de régulariser. Sa tâche fut d'autant

plus difficile qu'après Newcastle et Pluvinel, l'équitation trouva des interprètes peu d'accord dans la pratique de cet art. Les uns outraient les préceptes laissés par Newcastle, d'autres, au contraire, reconnaissaient la nécessité de les simplifier.

Je citerai à cette occasion ce que disait, en 1756, Gaspard Saulnier, écuyer de l'Université de Leyde.

Pages 37 et 38 :

« S'il s'agissait de plier un cheval comme *du*
» *temps passé*, je conviendrais d'abord que le
» caveçon serait encore le meilleur moyen pour
» plier le col du cheval et faire venir la tête. Ce
» pouvait *autrefois* être plus difficile avec la bride,
» mais aujourd'hui le cheval ne doit pas avoir le
» col plié comme un arc, ainsi que les anciens l'ont
» prétendu. »

A la page 86, Gaspard Saulnier parle en homme qui a reconnu le danger de ces assouplissements ; il s'exprime d'une façon un peu acerbe sur les gens qui, avec l'aide de ces moyens, veulent en imposer au public.

« J'ai vu des écuyers qui poussaient l'extrava-
» gance jusqu'à plier le cou des chevaux, de ma-
» nière que leur tête venait jusqu'à la botte du ca-
» valier ; ils croyaient alors faire des merveilles, et
» être fort habiles, et réellement ils passaient pour
» tels dans le public. C'est pourquoi je remarque
» que la pluralité des suffrages n'est pas toujours
» la marque la plus certaine de la capacité de ceux
» en faveur de qui l'on se déclare, puisqu'il se trouve

» dans toutes sortes d'arts plus d'ignorants que
» d'habiles gens. »

La Guérinière partage en cela l'opinion de Gaspard Saulnier ; laissons-le parler :

« Je regrette que les grands maîtres, tels que les
» Duplessis et les de La Vallée, qui firent tant de
» bruit dans les temps heureux de la chevalerie, ne
» nous aient point laissé de règles pour nous con-
» duire dans ce qu'ils avaient acquis par une appli-
» cation sans relâche et d'heureuses dispositions.
» Je déplore cette disette de principes qui fait que les
» élèves ne sont point en état de discerner les dé-
» fauts d'avec les perfections, et n'ont d'autres res-
» sources que l'imitation. Les uns, voulant imiter
» ceux qui cherchent à tirer parti d'un cheval et de
» tout le brillant dont il est capable, tombent dans
» le défaut d'avoir la main et les jambes dans un
» continuel mouvement, ce qui est contraire à la
» grâce du cavalier, donne une fausse posture au
» cheval, lui falsifie la bouche et le rend incertain
» dans les jambes. Les autres s'étudient à recher-
» cher une précision et une justesse qu'ils voient
» pratiquer à ceux qui ont la subtilité de choisir
» parmi un nombre de chevaux ceux auxquels la
» nature a donné une bouche excellente, les
» hanches solides et des ressorts unis et liants,
» qualités qui ne se trouvent que dans un petit
» nombre de chevaux. Cela fait que les imita-
» teurs de justesses si recherchées amortissent
» le courage d'un brave cheval, et lui ôtent toute

» la gentillesse que la nature lui avait donnée.

» D'autres, enfin, entraînés par le prétendu bon
» goût du public, dont les décisions ne sont pas tou-
» jours des oracles, et contre lesquelles la timide
» vérité n'ose se révolter, se trouvent, après un
» travail long et assidu, n'avoir pour tout mérite
» que la flatteuse et chimérique satisfaction de se
» croire plus habiles que les autres. »

La Guérinière, dans son Traité d'équitation, tout
en s'étayant des principes de la Broue, de Pluvinel,
de Newcastle, élague de leur école ce qu'il croit
inutile à la sienne. S'il conserve encore des allures
trides et relevées, il simplifie beaucoup néanmoins
le travail des anciens maîtres. L'ordre qu'il intro-
duit dans les reprises de manége est plus rationnel,
plus en rapport avec ce que l'on doit exiger du
cheval dans l'usage habituel. Les principes qu'il
offre sont basés sur la raison ; il ne pense pas que
tous les chevaux puissent être soumis au même
travail, qu'ils puissent tous être dressés dans le
même laps de temps. Les exigences sont basées
sur leurs moyens et sur leurs forces.

Les courbettes, les voltes doublées, les sara-
bandes, les terre-à-terre, et tous ces airs qui ne
peuvent s'obtenir qu'en possédant les chevaux
d'une façon extrême, et qui nécessitaient, pour entretenir l'action, l'emploi continuel de l'éperon,
ayant fait place à un travail plus simple, les
moyens pouvant servir à pousser l'assouplissement
du cheval à son extrême degré, qu'employait gé-

néralement l'équitation de Newcastle et de Pluvinel, ne furent plus mis en usage par la Guérinière que dans l'exception.

La Guérinière comprenait très-bien qu'un cheval ne peut être dressé que lorsqu'il est dans la main ou dans les jambes ; ce résultat ne pouvant s'obtenir que par l'assouplissement de l'encolure, la connaissance parfaite des jambes et du pincer de l'éperon, il usa de ces mêmes moyens pour soumettre les chevaux à l'obéissance. Son travail favori, après avoir arrondi le jeune cheval à la longe, après l'avoir mis assez en confiance,.et après avoir assez avancé son éducation pour lui mettre le mors, est de faire exécuter le travail de l'épaule en dedans.

« Cette leçon, dit-il, produit tant de bons effets à
» la fois, que je la regarde comme la première et la
» dernière de toutes celles qu'on peut donner au
» cheval pour lui faire prendre une entière sou-
» plesse et une entière liberté dans toutes ses par-
» ties. Cela est si vrai, qu'un cheval qui aura été
» assoupli suivant ce principe, et gâté après à l'école
» ou par quelque ignorant, si un homme de cheval
» le remet pendant quelques jours à cette leçon, il
» le trouvera aussi souple et aussi aisé qu'aupara-
» vant. Cette leçon assouplit les épaules : peu à peu
» le cheval se mettra sur les hanches, se disposera
» à fuir les talons, et lui donnera un bon appui de
» la main. »

Tout le travail de la Guérinière est pour arriver

à l'assouplissement de l'avant-main et de l'arrière-main ; seulement il exigeait moins, parce qu'il voulait moins obtenir.

Il conseille encore de varier les assouplissements de l'encolure, en raison de la construction du cheval.

« C'est le pli qu'on lui donne en maniant qui
» met le cheval dans une belle attitude ; mais,
» prétend-il encore, le pli est expliqué différem-
» ment par les habiles maîtres. Les uns veulent
» qu'un cheval soit simplement plié en arc, qu'il
» n'ait qu'un demi-pli, dans lequel le cheval re-
» garde seulement d'un œil dans le cercle de la
» volte ; les autres veulent qu'il fasse le demi-cer-
» cle, c'est-à-dire qu'il regarde presque des deux
» yeux en dedans de la ligne. Il faut convenir que
» dans l'un et l'autre pli le cheval a de la grâce ;
» mais selon moi le pli en arc, qui n'est qu'un
» demi-pli, ne contraint pas tant le cheval et le
» tient plus relevé du devant que dans celui où il
» est plus plié ; et dans cette dernière posture la
» plupart des chevaux sont encapuchonnés, c'est-
» à-dire baissent trop le nez et courbent l'enco-
» lure. »

Cette leçon de la Guérinière est pleine de raison : c'est au cavalier à savoir discerner le point où doit être poussé l'assouplissement, que l'on doit né-cessairement varier en raison de la nature des chevaux, de leur force, de l'emploi auquel on les destine, loin de les assouplir et de les rompre tous indistinctement et de la même manière. Si le grand

pli, dont parle la Guérinière et qui tend à encapuchonner, peut être employé utilement sur un cheval raide d'encolure et portant au vent, qu'advien-
dra-t-il si on use du même assouplissement sur un
cheval ayant le défaut de s'encapuchonner? On ne
pourra nécessairement amener qu'un résultat déplorable.

En régularisant les principes, la Guérinière fit
faire à l'art un progrès incontestable. Admirateur
de la Broue, de Newcastle, de Pluvinel, il les prit
pour modèles. Pratiquant un travail qui tendait
beaucoup à assouplir les hanches et les épaules, il
conservait à la bouche une légèreté extrême, et ne
considérait un cheval ajusté que lorsque, fidèle à
l'action des jambes, à l'attaque ou au pincer de
l'éperon, il se dirigeait et se maintenait placé du
devant par la simple pesanteur des rênes.

L'école des d'Abzac, tout en suivant les préceptes de la Guérinière, dégagea complétement l'é-
quitation de toutes ces superfluités, de toutes ces
inutilités en vogue du temps de Pluvinel, et que la
Guérinière avait encore trop conservées, bien qu'il
les eût cependant modifiées. Les d'Abzac voulaient
une équitation moins restreinte et moins assise : ils
pressentaient déjà les changements qui devaient un
jour s'opérer dans cet art. L'introduction en France
des chevaux anglais, montés par les grands seigneurs aux chasses royales, les courses, l'organisation plus large de notre cavalerie, commençaient
à faire comprendre la nécessité de préparer les che-

vaux à marcher à des allures plus franches. Le talent de l'écuyer ne consistait plus alors seulement à faire parader, à fatiguer inutilement un cheval pour obtenir des airs relevés, mais bien à calculer ses forces, à les ménager et à régulariser ses allures. On ne conservait du tride que ce qu'il en fallait pour donner au cheval de l'élasticité et du mouvement ; on ne l'assouplissait que pour le rendre liant et le soumettre à la volonté du cavalier.

A côté des d'Abzac marchaient les écuyers militaires, tels que Bohan, d'Auvergne, Mottin de la Balme, Melfort. Ces hommes sentaient peut-être plus encore la nécessité des modifications, leur équitation devant s'adresser à l'instruction de nos troupes à cheval.

Dans son Traité de cavalerie, Mottin de la Balme dit :

« Loin de mettre de la science dans l'instruction
» à cheval ou de subtiliser l'art, ce qu'il l'a rendu
» dangereux et impraticable, il falla't le simplifier,
» réduire le travail à ce que j'explique ci-dessous.

» Loin d'exiger des cavaliers qu'il fasse passager,
» piaffer ou cheminer des deux pistes leurs chevaux, il faudra uniquement leur apprendre
» quatre mouvements avec lesquels ils pourront
» exécuter toutes les évolutions nécessaires à la
» guerre, etc. Voilà à quoi peut se réduire ce fantôme d'équitation qui a tant fait désespérer les
» cavaliers et extrapasser les chevaux depuis quelques années. »

Après la révolution de 1793, Coupé, Jardin, Gervais, et quelques autres débris du manége de Versailles, furent mis à la tête de cet établissement ; ils étaient pour la plupart anciens piqueurs des écuries du roi.

En raison de la promptitude avec laquelle il devint nécessaire de former des officiers, Coupé et Jardin, tout imbus qu'ils étaient des principes de la Guérinière et des d'Abzac, furent en quelque sorte les chefs d'une nouvelle école, que l'on peut appeler avec raison école de circonstances.

Deux générations étant en présence, l'une n'ayant pas appris, l'autre n'ayant pas le temps d'apprendre, il devenait difficile de pousser très-loin l'éducation des hommes et des chevaux.

Dans beaucoup de circonstances, un cheval bien ajusté eût été un inconvénient, un danger, au lieu d'être un avantage.

Jardin et Coupé, comme tous les hommes de cheval, savaient fort bien que plus on laisse un cheval libre et plus on modère les exigences, moins on provoque de sottises. L'emploi des mains et des jambes, très-utile quand on doit s'en servir pour accorder un cheval, le rassembler, le posséder, sont autant de moyens dangereux avec ceux qui peuvent en ignorer les effets.

L'équitation de cette époque consistait donc, à peu d'exceptions près, à laisser marcher les chevaux librement. Une fois assuré sur la selle, le cavalier apprenait souvent, autant par instinct que

par préceptes, la manière de conduire son cheval ;
fermant ses jambes pour le faire marcher, tirant la
bride pour l'arrêter ou diminuer sa vitesse ; il laissait flotter les rênes quand il allait à peu près selon
son désir. Le fond de presque toutes les leçons données à cette époque était de dire : arrêtez et ren-
dez ; il s'agissait simplement d'arrêter à temps et de
rendre à propos. N'ayant ni le temps ni la faculté
d'assouplir les chevaux, de leur gagner les hanches,
abandonnés en quelque sorte à eux-mêmes, les cavaliers restaient d'aplomb tant bien que mal, mais
prenant toujours, en tout état de cause, la position
la plus en rapport avec leur nature. C'est avec
une équitation aussi peu savante, dans laquelle
souvent l'instinct faisait tous les frais, que nos
armées firent le tour de l'Europe.

Napoléon avait su faire des prodiges avec une
cavalerie où les hommes de cheval étaient en si petit nombre ; il reconnut cependant la nécessité, pour
l'avenir, de faire pratiquer de bonne heure l'équitation à la jeunesse.

En même temps qu'il réorganisa les haras pour
assurer des remontes à sa cavalerie, il fonda et sub-
ventionna des écoles d'équitation. Le manége des
pages, l'école de Saint-Germain, le manége sub-
ventionné de Paris, furent autant d'établissements
où les jeunes gens de l'Empire pouvaient venir
chercher des préceptes.

Ces divers manéges, quoique dirigés par des
hommes capables, n'amenèrent pas, tout en produi

sant quelque bien, les résultats désirables. Songeant plus à la guerre qu'à l'équitation, les élèves n'aspiraient qu'au moment de quitter les écoles ; et lorsqu'une fois ils étaient arrivés à l'armée, les mauvaises habitudes, mises généralement en pratique, venaient remplacer l'application de bonnes leçons.

La Restauration fit revivre l'école de Versailles, et c'est à cette réorganisation confiée aux soins du vicomte d'Abrac que l'on a dû les quelques hommes capables qui ont conservé les traditions de l'art équestre en France.

Après 1830, l'école de Saumur, restant seule, devait voir s'agrandir la mission qu'elle avait à remplir; elle a dû, jusqu'au jour où une école plus spéciale et plus normale viendrait s'établir, chercher à propager les saines doctrines dans la cavalerie, et à les conserver dans l'intérêt de l'art. autant toutefois que son organisation peut le lui permettre.

DES TERMES

EN USAGE DANS LA PRATIQUE DE L'ÉQUITATION

A-COUP. — Action brusque et saccadée des jambes ou de la main.

AIDES. — Sont les effets produits par l'action mesurée des jambes et de la main. L'ACCORD DES AIDES, c'est le rapport intelligent de ces actions.

AIRS DE MANÉGE. — Sont les divers mouvements ou figures qu'on exécute dans un manége, ainsi que la cadence qu'on imprime aux allures et aux mouvements : de là les *airs bas* et les *airs relevés.*

AIRS BAS. — Sont ceux où le cheval reste dans les allures naturelles et près de terre.

AIRS RELEVÉS. — Sont ceux où l'on donne du tride et de l'élévation aux mouvements.

APPUI. — Action du cheval qui, en se déplaçant, met sa bouche en contact avec le mors, ce qui établit par là un rapport intime entre la bouche du cheval et la main du cavalier. On dit que l'*appui* est *bon*, lorsqu'il reste toujours le même, et qu'il n'a ni trop de légèreté ni trop de poids. L'*appui* est dit *incertain*, lorsque la bouche varie dans son appui, que le cheval quitte et reprend la main. L'*appui* est dit *lourd*, lorsque le cheval pèse à la main et ne cède pas à ses effets. On dit, enfin, qu'un cheval est *en arrière de la main*, lorsqu'il refuse de se mettre en contact avec le mors.

ARMER (s'). — Le cheval s'arme contre le cavalier, lorsqu'il résiste à l'action des aides.

ARRÊT. — Action de la main pour arrêter le cheval. DEMI-ARRÊT, action de la main pour ralentir sans arrêter. On dit que le cheval a l'*arrêt bon* ou *mauvais,* suivant qu'il s'arrête facilement ou difficilement.

BATTRE A LA MAIN. — C'est, de la part du cheval, donner des coups de tête, en l'élevant et la baissant alternativement.

BATTUE. — Bruit que produit le pied du cheval en foulant le sol dans la marche.

Bipède antérieur. — Les pieds de devant.

Bipède postérieur. — Les pieds de derrière.

Bipède diagonal. — Un pied de devant d'un côté, un pied de derrière de l'autre.

Bipède latéral. — Un pied de devant, un pied de derrière du même côté.

Bipède diagonal droit. — On dit *bipède diagonal droit*, lors que l'on veut désigner le pied droit de devant et le pied gauche de derrière.

Bourrer. — Action brusque du cheval qui s'élance en avant et s'appuie violemment sur le mors.

Cabrer (se). — Action du cheval qui se lève droit sur ses extrémités postérieures.

Cabriole. — *Air relevé:* le cheval étant en l'air, le devant et le derrière à la même hauteur, il détache la ruade.

Changement de main. — Mouvement diagonal d'un des grands murs à l'autre, pour marcher dans un autre sens.

Courbette. — *Air relevé:* mouvement dans lequel le cheval avance sous son centre de gravité ses deux pieds de derrière, en pliant les jarrets et baissant les hanches, et lève les deux jambes de devant en pliant les genoux.

Croupionner. — Le cheval qui enlève plusieurs fois la croupe sans ruer.

Dedans. — Tout ce qui, pour le cavalier, est du côté de l'intérieur du manége, se nomme dedans.

Dehors. — Tout ce qui, pour le cavalier, est du côté du mur le long duquel il marche. Quand un cheval marche à main droite, le côté du dedans est le droit, le côté gauche est celui du dehors.

Désuni. — Lorsque le cheval ne galope pas sur le même pied du bipède antérieur et du bipède postérieur, il est désuni ; on le dit *désuni du devant* ou *du derrière*, suivant la main à laquelle il galope.

Droit. — Mettre un cheval droit, c'est le tenir de manière que ses épaules et ses hanches soient sur la même ligne.

Encapuchonner. — Action du cheval qui rapproche du poitrail a partie inférieure de la tête.

Enterrer. — Un cheval s'enterre lorsqu'il s'abandonne sur les épaules, baisse la tête, pèse la main et manie trop près de terre.

Éperon. — *Donner de l'éperon, pincer des éperons*, action de se servir des éperons pour presser ou pousser le cheval en avant.

Faux. — Un cheval est *faux* lorsqu'il galope sur les pieds du dehors.

Fermer. — Signifie tenir les hanches et marcher obliquement, les épaules et les hanches sur la même ligne.

Finir. — C'est terminer une leçon ; on finit généralement son cheval au pas.

Fuir les talons. — Expression qui veut dire marcher sur les pas de côté ; *fuir le talon gauche*, c'est marcher de gauche à droite.

Grandir. — Soutenir pour élever les mouvements du cheval en le recherchant.

Ha de la. — Expression dont on sert pour faire ranger à droite ou à gauche les sauteurs dans les piliers.

Hola. — Terme de manége pour faire arrêter le cheval ou commander un arrêt.

Juste. — Un cheval est *juste* lorsqu'il galope sur le pied du dedans. *Partir juste* signifie, non-seulement commencer l'allure sur le pied du dedans, mais encore maintenir le cheval droit.

Large. — C'est suivre les murs du manége. Le cavalier qui a quitté le mur pour marcher en cercle, auquel on commande de *marcher large*, doit gagner le mur et le suivre à la main à laquelle il se trouve.

Main. — *La main de la bride* est celle qui tient les rênes. Quand, au manége, on marche à droite, la main de la bride est la main gauche ; quand on marche à gauche, c'est la main droite.

On dit qu'un cheval marche *à main droite*, lorsqu'au manége il tourne à droite, que le travail se fait à droite. Cette habitude de désigner ainsi le côté droit, vient de ce qu'autrefois on désignait sous le nom de main, les pieds de devant du cheval, et que, lorsqu'il marche à droite, c'est la jambe droite (ou la main droite qui *manie* la première.

Manier. — Exprimer l'action des extrémités du cheval aux différentes allures : *il manie* bien, mal, ou près de terre.

Mesair. — Air relevé. Ce terme signifie *à moitié air* ; c'est une demi-courbette dans laquelle le cheval s'élève moins et avance plus que dans la courbette. Ces différents airs relevés doivent être presque généralement exclus dans les manéges ; ils ne peuvent être demandés que très-exceptionnellement.

Mors. — Le cheval *goûte le mors* lorsqu'il le mâche, ce qui prouve qu'il n'est pas contrarié de l'avoir. Un bon cavalier, par la légèreté et le tact de sa main, amène son cheval *à goûter le mors.*

Prendre le mors aux dents. — Le cheval peut prendre le *mors* *aux dents*, quand il n'a pas de fausse-gourmette ; c'est alors une des deux branches qu'il saisit avec les incisives, et, par là, arrête l'action du mors. Au figuré, on dit d'un cheval qui s'emporte, qu'il prend le mors aux dents.

PASSAGE. — Air bas. Pas écouté et relevé qui a l'action du trot, mais plus mesuré, plus raccourci que celui-ci : c'est donc un trot restreint, où l'on fait dépenser en hauteur des mouvements que le cheval auraient produits en avant, s'il n'avait pas été maintenu.

PISTE. — Est la ligne droite ou circulaire que tracent les pieds du cheval. Suivre la piste, c'est marcher le long des murs du manége. Le cheval est dit d'une piste, lorsque les pieds de derrière parcourent la même ligne que ceux de devant ; de deux pistes, lorsqu'il marche par pas de côté.

PLACER UN CHEVAL. — C'est le maintenir droit et en équilibre, selon les règles du manége.

POINTER. — Action du cheval qui se cabre.

RAMENER. — Faire baisser la tête et le nez à un cheval qui les tient trop en avant.

RENDRE. — Baisser la main pour diminuer ou faire cesser l'action des rênes.

RUADE. — Mouvement violent et brusque du cheval qui élève son arrière-main et lance avec force ses pieds postérieurs en arrière.

RUER A LA BOTTE. — Défense du cheval qui cherche avec un pied de derrière à frapper la jambe du cavalier.

SACCADE. — Voyez *à-coup*.

SCIER DU BRIDON. — Faire sentir successivement l'effet de chaque rêne.

TRAVERSER. — Un cheval *se traverse* lorsque l'arrière-main se portant à droite ou à gauche ne suit plus la ligne des épaules.

TRIDE. — Exprime l'action vive et cadencée du mouvement.

UNIE. — On dit qu'une allure *est unie*, lorsqu'elle est régulière et également espacée.

FIN.

TABLE DES MATIÈRES.

PREMIÈRE LEÇON.

PREMIÈRE PARTIE.

DEUXIÈME PARTIE.

FIN DE LA TABLE.